Inter University

- …電気エネルギー基礎
- …プラズマエレクトロニクス
- …電力システム工学
- …電気・電子材料
- …高電圧・絶縁工学
- …電気機器学
- …パワーエレクトロニクス

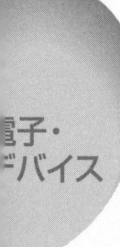

- …電子物性
- …半導体工学
- …電子デバイス
- …集積回路A
- …集積回路B
- …光エレクトロニクス

インターユニバーシティシリーズのねらい

編集委員長　家田正之

　現在，各大学では，学部・学科の改編，大学院の整備，2期制（セメスタ制）の導入など，内部改革に伴うカリキュラムの見直しが行われています．これに対して，在来型の教科書では十分対応しきれず，学生の趣向，レベルに合致した新鮮な切り口と紙面で構成した学びやすい教科書が求められています．

　本シリーズは，この期待にこたえて，深い考察と討論を経て，一体感ある新進気鋭の編集陣による新しいタイプの教科書シリーズとして企画されたものです．

（第7回 日本工学教育協会賞「業績賞」受賞）

委員会

（　　科学大学）
臼井支朗　（理化学研究所）
梅野正義　（中　部　大　学）
大熊　繁　（名古屋大学）
縄田正人　（名城大学名誉教授）

（五十音順）

インターユニバーシティ IU

プラズマ
エレクトロニクス

菅井 秀郎 ──── 編著

Ohmsha

| インターユニバーシティ |
| プラズマエレクトロニクス |
| 編 著 者：菅井秀郎（名古屋大学名誉教授） |
| 執 筆 者：大江一行（名古屋工業大学名誉教授） |

本書を発行するにあたって，内容に誤りのないようできる限りの注意を払いましたが，本書の内容を適用した結果生じたこと，また，適用できなかった結果について，著者，出版社とも一切の責任を負いませんのでご了承ください．

本書は，「著作権法」によって，著作権等の権利が保護されている著作物です．本書の複製権・翻訳権・上映権・譲渡権・公衆送信権（送信可能化権を含む）は著作権者が保有しています．本書の全部または一部につき，無断で転載，複写複製，電子的装置への入力等をされると，著作権等の権利侵害となる場合があります．また，代行業者等の第三者によるスキャンやデジタル化は，たとえ個人や家庭内での利用であっても著作権法上認められておりませんので，ご注意ください．

本書の無断複写は，著作権法上の制限事項を除き，禁じられています．本書の複写複製を希望される場合は，そのつど事前に下記へ連絡して許諾を得てください．

出版者著作権管理機構
（電話 03-5244-5088, FAX 03-5244-5089, e-mail：info@jcopy.or.jp）

JCOPY ＜出版者著作権管理機構 委託出版物＞

はしがき

　気体放電でつくられるプラズマは，現在さまざまな分野で利用されており，次世代の産業・科学技術を支えていく重要な基盤として期待されている．例えばプラズマプロセシングは，LSI（大規模集積回路）やLCD（液晶ディスプレイ）などの先端エレクトロニクスデバイスの作製に欠かせない技術として定着している．また，環境工学の分野では，有害物質のプラズマ処理技術が注目を集めている．一方，エネルギー開発の分野では，超高温・超高密度プラズマの閉じ込めによって核融合を実現し，人類の恒久的エネルギー源を確立するための研究が国際協力のもとに進められている．

　このように，プラズマ応用技術に対する産業界の期待は高いが，研究開発の現場からは，プラズマを理解して制御することは容易でないという声が聞かれる．そこで一人でも多く，プラズマを使いこなせる若い技術者・研究者を育てることが大学に求められている．ふりかえって学生向けにわかりやすくプラズマの講義をしようとするとき，なかなか適当な教科書がないことに気づく．気体の絶縁破壊や放電現象に関しては，優れた著書が古くからある．しかし，多くの場合に直流放電に限られており，最近のプラズマプロセスでよく用いられている高周波放電や，プラズマ中の波を利用する新しい型のプラズマについてはほとんど述べられていない．また，反応性プラズマを理解するうえで重要な衝突反応過程の記述が少なく，プラズマの集団運動的ふるまいについても平易な説明が必要であると思う．

　本書は，プラズマプロセス技術に対するニーズの高まりを背景に，時代に即応した新しい目でプラズマの教科書を見なおし，若い人達に基礎的な考え方を把握してもらうことを念頭に書いたものである．その特色としては，プラズマをミクロな視点とマクロな視点に立ってわかりやすい説明を試みたこと，最近のプラズマプロセスで

用いられる新しいプラズマのつくり方を説明したことなどである．ページ数の制限から熱プラズマや核融合プラズマについてはあまり言及できなかったが，基本的なプラズマの性質や考え方は十分身につくものと思う．

　最後に，本書の出版の機会を与えてくださった故 家田正之編集委員長，縄田正人編集幹事，ならびに5章をご執筆いただいた大江一行教授に厚く御礼を申し上げる．

2000年7月

菅 井 秀 郎

目次

1 章　プラズマエレクトロニクスの学び方

1. 身近にあるプラズマ …………………………………………………… *1*
2. プラズマのいろいろな性質 …………………………………………… *4*
3. プラズマの応用は広い ………………………………………………… *5*
4. 本書の構成 ……………………………………………………………… *8*

演習問題□□□ ……………………………………………………………… *9*

2 章　プラズマをミクロに見よう

1. 単一粒子の運動を理解しよう ………………………………………… *11*
2. 衝突の考え方 …………………………………………………………… *18*
3. 弾性衝突で失うエネルギー …………………………………………… *23*
4. 原子の励起と電離 ……………………………………………………… *24*
5. 分子の励起と解離・電離 ……………………………………………… *31*

演習問題□□□ ……………………………………………………………… *37*

3 章　プラズマをマクロに見よう

1. 分布関数と平均量を定めよう ………………………………………… *39*
2. プラズマの基礎方程式を導く ………………………………………… *42*
3. 電気的中性を保つプラズマ …………………………………………… *44*
4. プラズマの分布と流れ ………………………………………………… *48*
5. 固体と接するプラズマ ………………………………………………… *55*
6. 粒子バランスとエネルギーバランスを考えよう …………………… *60*

演習問題□□□ ……………………………………………………………… *64*

4 章　プラズマが生まれるまで

1. 気体の絶縁破壊　―タウンゼントの実験と理論― ………………… *65*
2. 放電開始電圧　―パッシェンの法則― ……………………………… *70*

3. プラズマ状態への移行 ……………………………………… 72
   4. タウンゼント理論の限界 …………………………………… 73
   演習問題□□□ ………………………………………………… 80

5 章　プラズマのつくり方 I．―直流放電―

   1. いろいろな放電法と放電のモード ………………………… 81
   2. グロー放電でつくる低温プラズマ ………………………… 85
   3. アーク放電でつくる熱プラズマ …………………………… 91
   4. コロナ放電でつくる高圧力の低温プラズマ ……………… 97
   5. マグネトロン放電のしくみ ………………………………… 99
   演習問題□□□ ………………………………………………… 101

6 章　プラズマのつくり方 II．―高周波放電，マイクロ波放電―

   1. プラズマ生成とアンテナ結合の考え方 …………………… 103
   2. 平行板に RF 電圧をかける　―容量結合プラズマ― …… 106
   3. コイルに RF 電流を流す　―誘導結合プラズマ― ……… 116
   4. プラズマの波を調べよう …………………………………… 120
   5. 強い電波を当てる　―表面波プラズマ― ………………… 123
   6. 磁場中の波を使う　―ECR プラズマとヘリコン波プラズマ― … 126
   演習問題□□□ ………………………………………………… 129

7 章　エレクトロニクスと環境工学へのプラズマ応用を学ぼう

   1. LSI をプラズマエッチングでつくる ……………………… 131
   2. アモルファスシリコン薄膜をプラズマ CVD でつくる … 137
   3. プラズマディスプレイのしくみ …………………………… 141
   4. プラズマを用いる環境改善技術 …………………………… 143
   演習問題□□□ ………………………………………………… 148

付録　1. 原子・分子衝突データ ………………………………… 149
　　　2. 諸定数と数値式 ………………………………………… 150

演習問題解答 ………………………………………… 153
参 考 文 献 ………………………………………… 157
索　　　　引 ………………………………………… 159

囲み記事

「プラズマ」の由来 …………………………………… 3
原子の内部状態と分光記号 …………………………… 27
ラングミュアプローブ法 ……………………………… 58
ストリーマによる絶縁破壊 …………………………… 76
表面磁場によるプラズマの閉じ込め ………………… 84
ランダウ減衰とサイクロトロン減衰 ………………… 127
強い光でプラズマをつくる …………………………… 147

1章　プラズマエレクトロニクスの学び方

プラズマは我々の身のまわりに意外に多く存在し，電気を通すだけでなく，光ったり化学反応を起こすなどさまざまな性質をもつことを学ぼう．また，その特異なプラズマの性質を利用して多様な技術が広い分野で開発されていることを把握しよう．

1　身近にあるプラズマ

氷を温めると0°Cで水になり，さらに温度を上げると100°Cで沸騰して水蒸気になる．一般に物質の温度を上げていくと，固体→液体→気体と相転移を起こして状態が変化することはよく知られており，その基本的な三つの状態を物質の三態という．それでは，さらに温度を上げて数千度以上にしたらどうなるであろうか．気体分子同士が激しく衝突して電離が起こり，多数の正イオンと電子が発生して，それらが動き回っている状態が出現する（ロウソクの炎の中はそのような状態になっている）．これを**物質の第四状態**，すなわち，**プラズマ**（plasma）と呼ぶ（p.3囲み記事参照）．電離するときに正イオンと電子は必ず対で生じるので，プラズマ中の正イオンの数と電子の数はほぼ等しく，全体として電気的には準中性の状態にある．逆に言うと，正イオンと電子の密度がほぼ等しく，電離した状態の気体をプラズマと定義することができる（より厳密な定義は3章の式(3・21)参照）．

上に述べたように炎の中にわずかながらプラズマを見ることができるが，夜空にきらめく満天の星はすべて高温の完全電離プラズマである．インドの天体物理学者サハ（M. Saha, 1893～1956）の計算によれば，宇宙の99.9％はプラズマ状態にあるという（5・3節参照）．我々は例外的に温度の低い星（地球）の上で生活していることになる．このほかに自然界のプラズマとしては，太陽，電離層，オーロラ，雷などがあげられる．人工的にプラズマをつくるには，物質を加熱するよりも気体放電を利用するほうが簡単で効率的である．蛍光灯，ネオンサイン，アーク溶接などにその例を見ることができる．**図1・1**は主なプラズマの密度と温度の値を示している．密度については1 m^{3}当たり10^{6}個と希薄な星間プラズマか

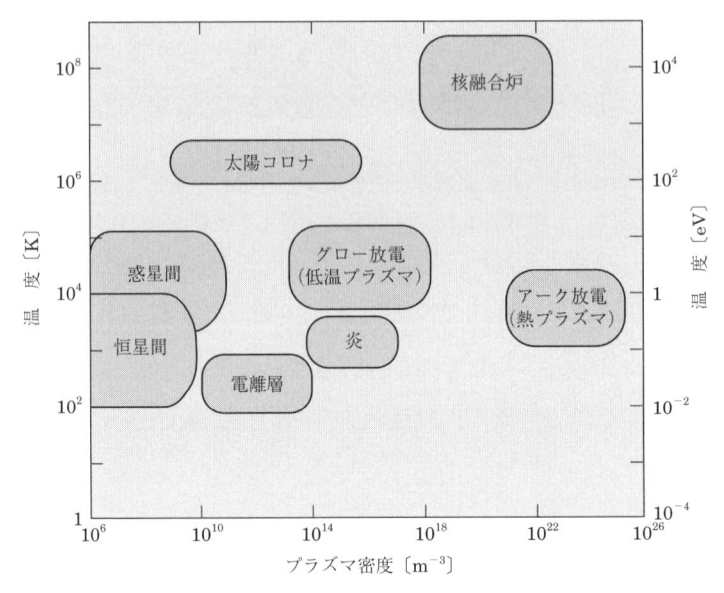

図 1・1 種々のプラズマの密度と温度

ら，10^{25}個のアーク放電プラズマまで20桁近くも変化している．温度についても100K程度の低温から，$10^8 \sim 10^9$ K（1～10億度）の超高温の核融合プラズマまで広く分布している．なお，プラズマの分野では温度の単位としてeV（electron volt）を使うことが多いので，同図の右側にeV単位のスケールも示している（1 eV = 11600 K）．

一般にプラズマ中には，電子，正イオン[注]，中性粒子（原子や分子，後述のラジカルのように電荷をもたない粒子）の3種類の粒子が存在する．それぞれの密度をn_e, n_i, n_nとすれば$n_e \approx n_i$（準中性）であって，電離する前の気体分子の密度は$(n_e + n_n)$である．そこで，どの程度電離しているかを示す目安として，電離度を$\beta = n_e/(n_e + n_n)$と定義する．太陽のコロナや核融合炉の高温プラズマでは100％電離しており，このような$\beta = 1$のプラズマを完全電離プラズマという．一方，数％以上電離している場合（$\beta \gtrsim 10^{-2}$）を強電離プラズマ，炎の中のプラズマのようにほとんどが中性粒子である場合（$\beta < 10^{-3}$）を弱電離プラズマという．

大気圧に近いような高圧力で放電すると，電子，イオン，中性粒子の間の衝突

[注] プラズマによっては負イオンも含む場合がある．単に「イオン」というときは，普通，「正イオン」を意味する．

が激しいことから,粒子の運動エネルギーの交換が十分に行われて熱平衡状態になる.電子,イオン,中性粒子の温度をそれぞれ T_e, T_i, T_n とすると,三者の温度がほぼ等しい($T_e \fallingdotseq T_i \fallingdotseq T_n$)ような熱平衡プラズマを**熱プラズマ**(thermal plasma)という.実際に熱プラズマを発生させるときには,大量の動作ガスを流しながら陰極と陽極の間にアーク放電をとばしてジェット状にプラズマが吹き出すことから,これをプラズマジェット(plasma jet)やプラズマトーチ(plasma torch)とも呼ぶ.

一方,数百Pa以下の低い圧力のプラズマは,熱的に非平衡な状態となる.す

「プラズマ」の由来

プラズマ(plasma)の語源はギリシャ語の $\pi\lambda\alpha\sigma\mu\alpha$ からきている.この言葉は,英語で言えば "to mold" に相当し,プラスチックを成形するときのように流し込んである形につくることを意味している.グロー放電でできた電離気体が特異な性質を示すことに気づいて,これを「プラズマ」と名付けたのはラングミュア(Irving Langmuir, 1932年ノーベル化学賞)で1928年のことである.そのときの経緯が彼の共同研究者L.トンクス(Tonks)の著作 [Am. J. Phys., **35** (1967), p.857] に次のように生き生きと語られている.

> Langmuir came into my room in the General Electric Research Laboratory one day and said "Say, Tonks, I'm looking for a word. In these gas discharges we call the region in the immediate neighborhood of the wall or an electrode a sheath, and that seems to be quite appropriate; but what should we call the main part of the discharge?...there is complete space-charge neutralization. I don't want to invent a word, but it must be descriptive of this kind of region as distinct from a sheath. What do you suggest?"
>
> My reply was classic: "I'll think about it, Dr. Langmuir."
>
> The next day Langmuir breezed in and announced, "I know what we'll call it! We'll call it the plasma." The image of blood plasma immediately came to mind: I think Langmuir even mentioned blood.

この中にもあるように,当時すでに医学の分野で血漿(blood plasma)を指す言葉としてplasmaは使われていた.しかしそれとは関係なく,ギリシャ語にも通じていたラングミュアは,その語源のように放電の光り輝く部分が放電管の形状に従って形を変えることに感じてプラズマと命名したようである.例えば,広告用のネオンサインが複雑な文字や形であっても,細長い放電管で一様に光り輝いていることを思い浮かべて欲しい.

なわち，電子は衝突によってあまり運動エネルギーを失わないので，$T_e \gg T_i, T_n$ となる．このようなプラズマを**低温プラズマ**（cold plasma）という．なお，高い圧力であっても，熱化しないような短いパルスプラズマが繰り返して生成される放電モードの場合は低温プラズマができる（5・4節参照）．低温プラズマは工業的に最も広く利用されており，そのつくり方については5章，6章で詳しく説明する．なお，図1・1に示した「温度」は厳密には電子温度を示しているが，低温プラズマを除けばほとんどの場合に$T_e \sim T_i$である．

② プラズマのいろいろな性質

物質の第四状態であるプラズマは，物理・化学的に特異な性質をもっている．まず第一に，高温であるので粒子の運動エネルギーが大きい．第二に，電荷をもつ粒子の集団なので導電性があり，金属のようにふるまう．第三に，化学的に活性であって反応性が高い．例えば，メタンガスと水素ガスを混ぜて放電し，壁温を適度に設定すると壁面にダイヤモンド薄膜が析出してくる．第四に，プラズマは光るので，光源として利用することができる．例えば，夜の街を彩るネオンサインやナトリウム・水銀などの放電を用いる照明はよく目にするところである．

このようなプラズマの性質は，一体どこから出てくるのであろうか．その答えはプラズマ内の電子と気体分子との衝突に求めることができる．例えば，**図1・2**のように分子XYに電子eが衝突する場合を考えよう．衝突エネルギーが小さいときは弾性衝突が起こり，電子の運動エネルギーはほとんど変わらない．しかし衝突エネルギーが高くなると，分子内の核のまわりを回っている軌道電子が衝突

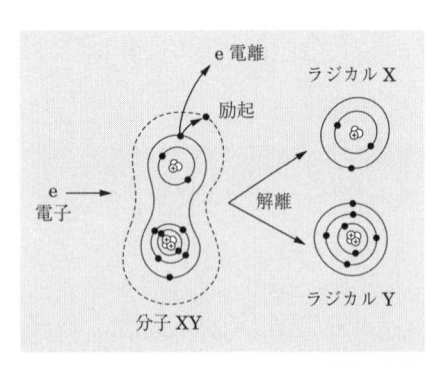

図1・2 電子が分子XYに衝突すると，励起・電離・解離が起こる．

時にエネルギーをもらい，上のエネルギー準位の大きな軌道を回るようになる（励起）．このような高いエネルギー状態の分子を励起分子と呼び，XY^* と表す．いったん励起状態の軌道にのぼった電子は短時間のうちに下のエネルギー準位の軌道に落ちるので，そのとき余ったエネルギーが光として放出される（発光）．一方，衝突する電子のエネルギーがさらに高くなると，分子内の電子 e が外へはじき出され，電離が起こる（電離）．また，分子 XY の結合が切れて，X と Y に解離することもある（解離）．結合に関与する電子対を：で表すと，解離は $X:Y \rightarrow X\cdot + \cdot Y$ と書ける．このように X, Y は不対電子（X と Y の横の記号・で表す）をもっているために化学反応を起こしやすく，化学活性種または**ラジカル**（radical）と呼ばれる．例えば，H, O, Cl などの遊離原子や CH_3, CF_2, SiH_3 などの分子はラジカルである[注]．電荷をもたないことを強調するときは中性ラジカルともいい，これが電離した形のイオン性ラジカル（X^+, Y^+）と区別することもある．以上述べた過程を反応式の形に書き，プラズマの性質と応用との対応をまとめると**表1·1**のようになる．

表1·1

プラズマ中の主な素過程	プラズマの性質と応用
励起： $XY+e \rightarrow XY^*+e$	発光性 〈光学的応用〉
脱励起：$XY^* \rightarrow XY+h\nu$（光子）	
解離： $XY+e \rightarrow X+Y+e$	反応性 〈化学的応用〉
電離： $XY+e \rightarrow XY^++2e$	導電性 〈電気的応用〉
X^++Y+2e	
電場による電子，イオンの加速	高速粒子〈力学的応用〉
粒子間衝突による熱化，固体表面との衝突	高温 〈熱的応用〉

3　プラズマの応用は広い

現在，プラズマは世の中のさまざまな分野で応用され，その重要性がしだいに高まっている．**図1·3**はこれをエネルギー分野，物質・材料分野，環境・宇宙分野の三つに分類して示したものである．また，プラズマのもつ電気的性質，光学的性質，熱的性質，化学的性質および力学的性質のうち，主としてどれに基づく

[注]　ラジカルの定義は「不対電子をもつ分子」であるので，厳密には遊離原子はラジカルではない．また，CF_2, SiH_2 などは基底状態として1重項状態（27ページ参照）をとるので，比較的安定で反応性が乏しい．

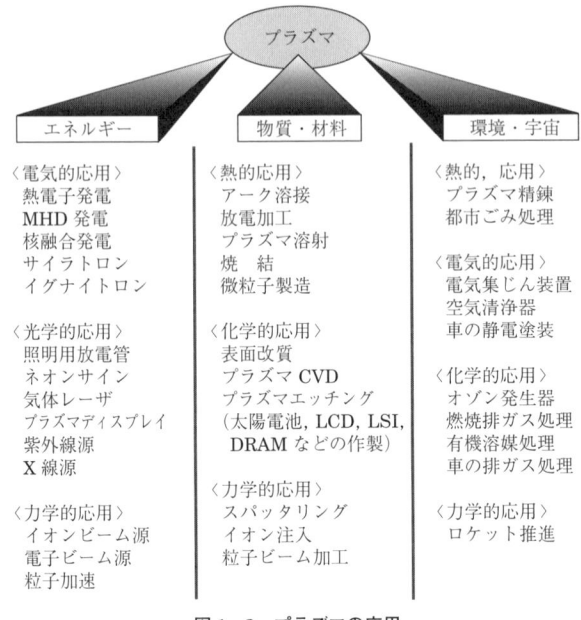

```
                    ┌─────────┐
                    │ プラズマ │
                    └─────────┘
        ┌───────────────┼───────────────┐
   ┌─────────┐     ┌─────────┐     ┌─────────┐
   │エネルギー│     │物質・材料│     │環境・宇宙│
   └─────────┘     └─────────┘     └─────────┘
```

〈電気的応用〉　　　　〈熱的応用〉　　　　〈熱的応用〉
熱電子発電　　　　　アーク溶接　　　　　プラズマ精錬
MHD 発電　　　　　　放電加工　　　　　　都市ごみ処理
核融合発電　　　　　プラズマ溶射
サイラトロン　　　　焼　結　　　　　　　〈電気的応用〉
イグナイトロン　　　微粒子製造　　　　　電気集じん装置
　　　　　　　　　　　　　　　　　　　　空気清浄器
〈光学的応用〉　　　〈化学的応用〉　　　車の静電塗装
照明用放電管　　　　表面改質
ネオンサイン　　　　プラズマ CVD　　　　〈化学的応用〉
気体レーザ　　　　　プラズマエッチング　オゾン発生器
プラズマディスプレイ（太陽電池, LCD, LSI,　燃焼排ガス処理
紫外線源　　　　　　DRAM などの作製）　　有機溶媒処理
X 線源　　　　　　　　　　　　　　　　　車の排ガス処理
　　　　　　　　　　〈力学的応用〉
〈力学的応用〉　　　スパッタリング　　　〈力学的応用〉
イオンビーム源　　　イオン注入　　　　　ロケット推進
電子ビーム源　　　　粒子ビーム加工
粒子加速

図 1・3　プラズマの応用

応用であるかも示している.

　まずエネルギー分野では，超高密度・超高温プラズマを生成して核融合反応を起こして発電しようとする核融合炉が注目される．化石燃料は近い将来確実に枯渇してしまうだけでなく，その燃焼がもたらすCO_2による地球温暖化が問題となっている．一方，核分裂反応による原子力発電の燃料であるウラン資源も有限であり，また原子炉の安全性や放射性廃棄物の処理が問題となっている．このような状況の中で，**核融合発電**が実現すれば，海水中に含まれる水素同位体を燃料として半永久的にクリーンなエネルギー源を人類は手にできる．その原理は次のようなものである．重水素（D）と三重水素（T）が高いエネルギーで衝突すると，二つの原子核が融合してヘリウム（He）に変わり，中性子（n）がはじき出される．すなわち核反応

$$^2D + {}^3T \longrightarrow {}^4He + n \quad\quad\quad (1\cdot1)$$
$$\quad\quad\quad (3.5\,\text{MeV})\ (14.1\,\text{MeV})$$

が起こり，そのとき生じた質量欠損（0.019 amu[注]）がHeとnの莫大な運動エネ

（注）　atomic mass unit（原子質量単位）の意．1amuは質量数12の炭素同位体の質量の1/12に相当する．

ルギーとなって放出される．この中性子を炉のまわりの吸収媒質（ブランケット）で受けて熱エネルギーに変えて発電をする．式（1・1）に示した核融合反応を連続的に持続させるには約1億度（10keV）のD, Tプラズマを高密度（$>10^{20}\mathrm{m}^{-3}$）に生成して1秒間以上保持する必要がある．これを実現するために重水素ガス（D_2）と三重水素ガス（T_2）を混ぜて放電し，超高温までプラズマを加熱して磁場で閉じ込める方法が用いられる．現在，このような核融合の大規模な研究開発が国内外で精力的に進められている．

一方，プラズマの発光を利用するものとしては，蛍光灯，ネオンサインなどの照明用放電管が日常的に用いられている．このほか，気体レーザ，プラズマディスプレイなどが使われており，ディスプレイについては大画面化，高精細化などの開発研究が盛んに行われている．

物質創製や材料加工の分野では，**プラズマプロセス**（plasma process）または**プラズマプロセシング**（plasma processing）と呼ばれる技術が広く利用されている．その詳細については7章で説明することにして，ここでは概要を述べるにとどめる．高圧力のアークプラズマは膨大な熱源となるので，この中にセラミックスや金属などの微粒子を混入すると短時間に溶解することができる．これを利用した溶射，精錬，表面改質，微粒子製造などが行われている．一方，プラズマの化学反応性を利用して薄膜の**デポジション**（deposition；堆積）や**エッチング**（etching；食刻）を行う技術が先端的電子デバイスの作成に不可欠となっている．原料ガスを導入して放電すると，高エネルギー電子がガス分子と衝突して分解し，化学的に活性なラジカル種を多量につくる．このラジカルが次々と基板表面に吸着してラジカル同士の表面化学反応が進行し，新しい化学構造をもつ薄膜が成長する．これが**プラズマCVD**（plasma chemical vapor deposition）と呼ばれる技術であり，太陽電池や液晶ディスプレイに応用されている．さらに，種々の重合膜（ポリマー膜）の作製，ダイヤモンド膜やフラーレン，ナノチューブなどの新素材の創製がプラズマを用いて行われている．また，金属などの固体原料を電子ビーム蒸発法を用いてプラズマの中に蒸発・注入すると，電離されてイオンとなり，これを加速して基板に当てて表面を改質したり薄膜を堆積したりできる．この方法を**イオンプレーティング**（ion plating）という．

一方，基板に到達したラジカルが基板原子と直接化学反応を起こし，揮発性気体となって表面から次々に脱離していく場合，しだいに基板表面が削られていき

エッチングが起こる．このとき同時にプラズマ中のイオンを加速して基板に照射すると，イオンが当たった面のエッチング反応が促進されて方向性のあるエッチングが可能となる．この方法は**反応性イオンエッチング**（reactive ion etching；RIE）と呼ばれ，コンピュータの頭脳であるCPUを構成する大規模集積回路（large-scale integration；LSI）や補助記憶装置であるDRAMなどの微細加工に必須の技術である．イオンを数百eV以上の高いエネルギーで加速して固体材料に当てると，材料を構成する原子が外にはじき出される現象，すなわち**スパッタリング**（sputtering；飛散）が起こる．このようにしてスパッタリングされた粒子を別の基板上に堆積させて薄膜をつくることも広く行われている．

プラズマを用いる薄膜プロセスは，通常の液体を用いる湿式の化学反応プロセスに比べていくつかの利点がある．第一に，気体を用いるドライプロセスなので廃液処理が不要であり，排ガス処理などの公害対策が容易であること．第二に，液体を用いるウェットプロセスのように反応容器を加熱して高温にする必要がなく，低温で高い反応速度を得ることができる．なぜなら，プラズマ中の高エネルギー電子がガスを分解して活性種を多量につくるからである．第三にエッチングの場合，ウェットプロセスでは液体が基板に触れた所から等方的にエッチングが進むのに対して，反応性イオンエッチングではイオン照射の方向に沿う異方性エッチングが可能である．これは，特に高精細な加工を必要とするデバイスの作製に適している．

最後に，環境・宇宙の分野に目を転じると，近年，プラズマを地球環境の保全に利用できるのではないかとの期待が高まっている．都市ごみ処理，金属廃棄物の精錬，燃焼排ガスや有機溶媒の処理などをプラズマを利用して行う研究が進められている．この場合，処理速度とコストの面から真空に引いて放電することはせず，大気圧における熱プラズマやコロナ放電などが利用されている．

④ 本書の構成

まず，最初に2章でプラズマをミクロな視点から観察し，一つ一つの粒子の運動について調べ，粒子間の衝突現象について学ぶ．

次に3章ではプラズマをマクロにとらえ，全体として見たときのプラズマの平均的なふるまいについて学ぶ．初めにプラズマの基礎方程式を導き，次にそれを

用いてプラズマの集団的な挙動を明らかにする．

　4章では，気体放電によりプラズマが誕生するまでの初期過程について学ぶ．その中で，気体の絶縁破壊に関する古典的な理論・法則が明らかになる．

　5章，6章では，前章までに得たことを基礎としていろいろなプラズマのつくり方について学ぶ．プラズマを応用するうえで，用途に最も適したプラズマのつくり方を選択することが大切になる．そこで5章では直流放電を用いた低温プラズマや熱プラズマの生成法を学ぶ．次に6章では，工業的に最近よく利用される高周波放電やマイクロ波放電による新しいプラズマ生成法を学ぶ．

　7章では，最先端の電子デバイスへのプラズマ応用とプラズマを用いる環境改善技術について学ぶ．

演習問題

問1 プラズマの導電性，化学反応性，発光性の起源を，電子と分子の衝突過程から説明せよ．

問2 エネルギー，物質・材料，環境・宇宙の各分野におけるプラズマ応用技術の例をあげよ．

2章 プラズマをミクロに見よう

プラズマ中では負の電荷をもつ電子と正の電荷をもつイオンが，電場や磁場の中を多数動き回っている．また，電荷をもたない分子やラジカルも存在し，種々の粒子間衝突を繰り返している．本章では，このようなプラズマ中のミクロ（micro；微視的）な現象に注目し，個々の粒子の運動や衝突過程を学ぶ．

① 単一粒子の運動を理解しよう[1)]

[1] 電場中の運動

直流放電の場合，時間的に一定な電場がプラズマにかかっている．このときプラズマ内の正イオンは電場の方向に，電子は反対方向に加速され，中性粒子（分子）と衝突しながらドリフトしてプラズマ中に電流が流れる．このような粒子の運動を**電界ドリフト**という．いま，図 **2·1** の上に示すように電場 E の方向に x 軸をとり，質量 m ，電荷 e のイオンの運動を考える．初速度を0として x 方向のニ

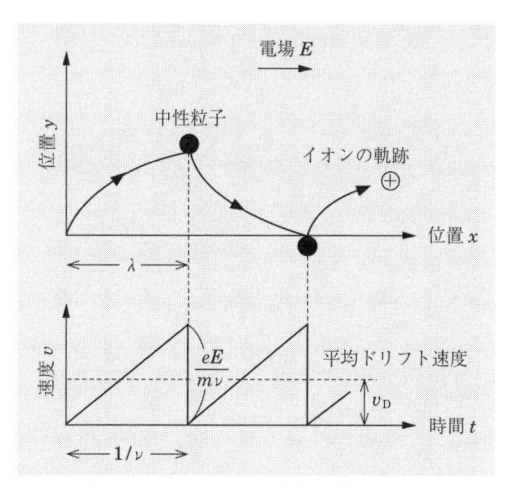

図 **2·1** 電場による正イオンのドリフト（電子の場合は正イオンと反対向きにドリフト）

ュートンの運動方程式

$$m\frac{dv}{dt}=eE \qquad (2\cdot1)$$

を積分すれば速度 $v=(eE/m)t$ が得られ，時間 t に正比例して速度が増大することがわかる．平均的にイオンは中性粒子と毎秒 ν 回衝突するとすれば，$t=1/\nu$ のときに衝突を起こすので衝突直前の速度は $v=eE/m\nu$ となる．イオンは衝突時に全エネルギーを分子に与えて $v=0$ に戻る場合を考える（後述の式 (2・31) で $m_1=m_2$ の場合）．このとき，速度の変化は図2・1の下図のようであり，x 方向の平均速度（ドリフト速度）は破線で示すように $v_D=(1/2)(eE/m\nu)$ となる．

上に述べた単純なモデルは，粒子の運動のイメージを直感的につかむのに役立つ．もっと定量的に調べるには，式 (2・1) の右辺に衝突項を取り入れた次のランジュヴァン方程式（Langevin equation）を用いる．

$$m\frac{dv}{dt}=qE-m\nu v \qquad (2\cdot2)$$

ここで，質量 m，電荷 q（イオンのとき e，電子のとき $-e$）の荷電粒子が衝突時に運動量 mv を失うとし，1秒間に ν 回衝突するとして右辺の第2項をおく（力学における摩擦力に相当）．速度 v を直流分（平均速度）v_D と時間変動分 $w(t)$ の二つの成分に分けて式 (2・2) に代入する．直流分については左辺の微分が0となるので

$$v_D=\frac{qE}{m\nu} \qquad (2\cdot3)$$

となる（$w(t)$ を含む一般解は演習問題 問1を参照）．このドリフト速度は，前述の単純化したモデルの値の2倍になっていることがわかる．

次に，高周波放電の場合のように，電場が $E(t)=E_0\cos\omega t$ と時間的に変化する場合を考えよう．まず，無衝突（$\nu=0$）の場合は，式 (2・1) を時間積分し，初速度を0，電荷を q とすれば

$$v(t)=\frac{qE_0}{m\omega}\sin\omega t \qquad (2\cdot4)$$

これをさらに積分すると，粒子の位置が $x=-(qE_0/m\omega^2)\cos\omega t$ と求まり，バネの振動と同じように，粒子は $x=0$ のまわりに単振動することがわかる．すなわち，電場による力（$\propto\cos\omega t$）と粒子の速度（$\propto\sin\omega t$）は位相がちょうど90°ずれており，加速と減速が打ち消しあって時間平均すると高周波電場から粒子に入るパワーは0となる．

しかし,現実には衝突があるので,位相差は90°と異なり粒子にパワーが入る.このような場合に式 (2·2) を解くために,時間変化を複素数 $e^{i\omega t}(=\cos\omega t + i\sin\omega t)$ で表し,電場を $E(t)=\text{Re}[E_0 e^{i\omega t}]$,速度を $v(t)=\text{Re}[v_0 e^{i\omega t}]$ とおく.ここで,E_0, v_0 は複素振幅であり,$\text{Re}[A]$ は複素数 A の実数部をとることを意味する.この $E(t)$, $v(t)$ を式 (2·2) に代入し,両辺を $e^{i\omega t}$ で割ると速度の複素振幅は

$$v_0 = \frac{q}{m}\frac{1}{\nu+i\omega}E_0 \tag{2·5}$$

と求まる.したがって速度は,位相の基準を E_0 にとれば (E_0 を実数と考えて)

$$v(t)=\text{Re}[v_0 e^{i\omega t}]=\frac{q}{m}\frac{E_0}{\sqrt{\nu^2+\omega^2}}\sin(\omega t+\theta) \tag{2·6}$$

ここに,$\theta=\tan^{-1}(\nu/\omega)$.

これを式 (2·4) と比較すれば,衝突によって位相が θ だけずれたことがわかる.このとき,イオン1個が1周期 $T(=2\pi/\omega)$ の間に吸収するパワー P_{abs} は,電流 $qv(t)$ と電場 $E(t)=E_0\cos\omega t$ をかけて積分し

$$\begin{aligned}P_{\text{abs}}&=\frac{1}{T}\int_0^T qv(t)E(t)\,dt\\ &=\frac{1}{2}\frac{q^2}{m}\frac{\nu}{\nu^2+\omega^2}E_0^2\end{aligned} \tag{2·7}$$

これから,$\nu=0$(無衝突)ではパワー吸収がないことが明らかである.電子の場合も全く同様である.衝突がないことはプラズマの電気抵抗〔3章の式 (3·33) の直流の導電率を参照〕が0であることを意味し,そのときプラズマが吸収する電力も0になる.

[2] 磁場中の運動

電場がない状態でプラズマに外から磁場 $\boldsymbol{B}$ をかけたとき,電荷 q,速度 $\boldsymbol{v}$ の荷電粒子は $\boldsymbol{v}$ と $\boldsymbol{B}$ の両方に垂直な向きにローレンツの力(Lorentz force)を受ける.したがって運動方程式は

$$m\frac{d\boldsymbol{v}}{dt}=q\boldsymbol{v}\times\boldsymbol{B} \tag{2·8}$$

と書ける.荷電粒子が運ぶ電流は $q\boldsymbol{v}$ であるから,右辺のローレンツ力は,磁場 $\boldsymbol{B}$ 中を流れる電流 $\boldsymbol{I}$ に働く力($\boldsymbol{I}\times\boldsymbol{B}$:フレミング左手の法則)と本質的に同じである.粒子が速度 $\boldsymbol{v}$ で直進しようとすると,それに直角にローレンツ力が作用

(a) 電子の場合の力のバランス　　(b) 正イオンと電子のサイクロトロン運動

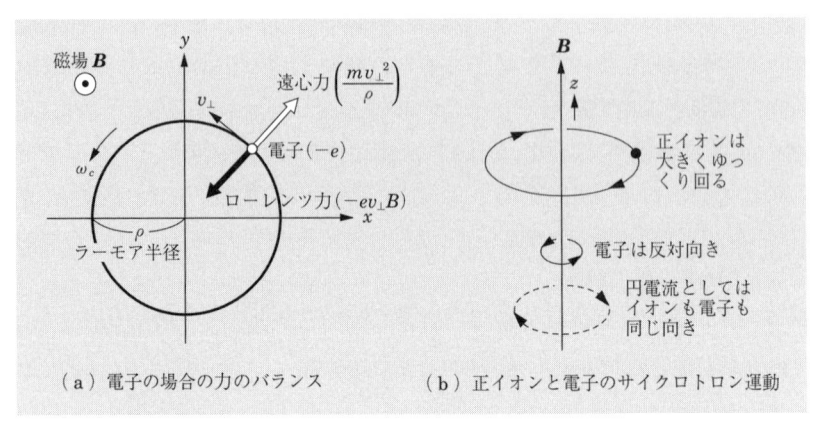

図2・2　磁場があると電子とイオンはサイクロトロン運動をして，磁力線に巻きつく

するので軌道が曲げられる．これを次々に繰り返して最終的には**図2・2**に示すように，z方向の磁場Bに垂直なxy平面内で粒子は円軌道を描いて回転する．この円運動は**サイクロトロン運動**（cyclotron motion）またはラーモア（Larmor）運動と呼ばれ，回転半径ρをラーモア半径，回転周波数$f_c (= \omega_c/2\pi)$をサイクロトロン周波数という．

図2・2(a)のように，長さρの糸の先に質量mの重りをつけて回転させるのと同様に，円周上の速度$v_\perp$はサイクロトロン周波数を用いて$v_\perp = 2\pi\rho \cdot f_c = \rho\omega_c$となる．また，式(2・8)の左辺は遠心力$(mv_\perp^2/\rho)$を与え，これが，右辺のローレンツ力と釣り合って円運動をするので，イオン$(q=e)$や電子$(q=-e)$に対して

$$\frac{mv_\perp^2}{\rho} = ev_\perp B \tag{2・9}$$

が成り立つ．この式から$v_\perp = (eB/m)\rho$が得られ

$$\left. \begin{array}{l} \text{サイクロトロン角周波数：} \omega_c = \dfrac{eB}{m} \\ \text{ラーモア半径：} \rho = \dfrac{v_\perp}{\omega_c} \end{array} \right\} \tag{2・10}$$

となる．例えば，電子サイクロトロン周波数は$\omega_c/2\pi \text{[MHz]} = 2.80B \text{[G]}$で与えられ，$B = 875 \text{G}$のとき$\omega_c/2\pi = 2.45 \text{GHz}$となる（SI単位では$1\text{T} = 10^4\text{G}$）．

ここで，正電荷の重いイオンと負電荷の軽い電子の運動を比較してみよう．電荷の符号の違いからイオンと電子は図2・2(b)のように互いに反対向きに回転す

る．しかし，電流としては同じ向きに流れ，その円電流がつくる磁場は外場$\boldsymbol{B}$を打ち消す向きに生じる（プラズマの反磁性）．一方，サイクロトロン周波数は質量に反比例するので，電子はイオンの数千倍以上の回転数をもつ．ラーモア半径は$\sqrt{m}$に比例するので，$v_\perp$として平均熱速度を用いると，重いイオンは電子に比べて大きい半径でゆっくり回ることになる．なお，図2·2(b)は磁力線方向の速度$v_\parallel = 0$の場合の軌道を描いたものである．一般には磁力線方向にも動くので，荷電粒子は1本の磁力線に巻きつくヘリカル（らせん）軌道を描いて運動する．

サイクロトロン運動の場合，電荷eの粒子が1秒間に$\omega_c/2\pi$回だけ半径ρの円運動を行うので，電流ループの面積$A = \pi\rho^2$，電流$I = e\omega_c/2\pi$である．一般に電流ループの磁気モーメントは$\mu = IA$と定義されるので，式(2·10)を用いて書き換えると$\mu = (mv_\perp^2/2)/B$を得る．不均一な磁場中を荷電粒子がサイクロトロン運動するとき，磁気モーメントが保存されること（$\mu = $一定）が証明されている．このことから，荷電粒子が磁場の強いほうに進んでいくと，ある磁場の所で反射されて戻ってくることがわかる（演習問題 問4）．これを**磁気ミラー効果**という．その応用として，核融合プラズマを二つの磁気ミラーの間に閉じ込める方式が研究されている．

さて，サイクロトロン運動している電子に外から角周波数ωの高周波電場をかけると，$\omega = \omega_c$のときに共鳴的に電子が加速される現象があり，**電子サイクロトロン共鳴**と呼ばれている．どのようにしてその加速が起こるかを説明しよう．例えば，図2·2(a)においてx方向に電場$E\sin\omega_c t$をかけると，電子（$q=-e$）に対する式(2·8)の右辺に電場の項を加えてx, y成分を書けば

$$m\frac{dv_x}{dt} = -ev_y B - eE\sin\omega_c t \tag{2·11}$$

$$m\frac{dv_y}{dt} = ev_x B \tag{2·12}$$

この両式からv_yを消去して整理すると

$$\frac{d^2 v_x}{dt^2} + \omega_c^2 v_x = -\frac{eE\omega_c}{m}\cos\omega_c t \tag{2·13}$$

この方程式の解は，$t=0$の初速度をゼロとすれば

$$v_x = -\frac{eE}{2m}t\sin\omega_c t \tag{2·14}$$

となり，これを式(2·12)に代入して積分すると

$$v_y = \frac{eE}{2m} t \cos \omega_c t - \frac{eE}{2m\omega_c} \sin \omega_c t \tag{2・15}$$

さらに,時間が十分にたって$\omega_c t \gg 1$が成り立つとき,式 (2・15) の右辺第2項は無視できるので,電子の運動エネルギーは

$$\frac{m}{2}(v_x^2 + v_y^2) = -\frac{e^2 E^2}{8m} t^2 \tag{2・16}$$

となり,時間とともに増大する.このときに,速度を積分して電子の位置を求めると

$$\left.\begin{array}{l} x = r \cos \omega_c t \\ y = -r \sin \omega_c t \end{array}\right\} \tag{2・17}$$

と表すことができ,原点からの距離 $r = (E/2B)t$ は時間に正比例して増大する.

図 2・3 は,式 (2・17) で与えられる電子の軌道の概略を描いたもので,スパイラル状に加速されていくようすを示している.この加速は次のようにして起こる.電子のサイクロトロン周波数と電場の周波数が同じなので,電子はいつも同じ位相の電場を感じることになる.例えば,図における 1, 3, 5, ……の位置では電子の運動は左向きで電場は右向きであり,2, 4, 6, ……の位置では電子が右向きで電場は左向きである.電子に対して $-e\boldsymbol{E}$ の力が作用するので,どちらの位相でも電場は電子を加速することがわかる.すなわち,電場は直流的に電子を加速し続けるので,電子の運動エネルギーは式 (2・16) のように t^2 に比例して増大する.一方,電場の周波数がサイクロトロン周波数と一致しないときは,位相があわな

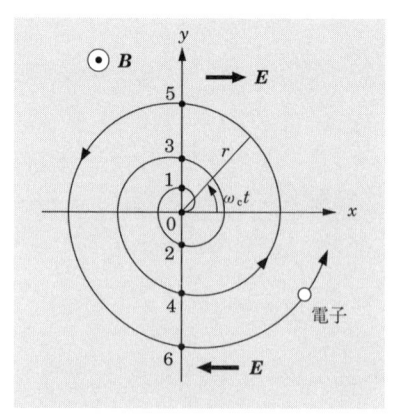

図 2・3 電子がサイクロトロン共鳴によって加速されるようす

くなって加速と減速が等確率で起こり,時間平均するとエネルギーは増えない.その意味で$\omega=\omega_c$においてのみ起こる共鳴現象であり,これを利用するプラズマ生成法が開発されている(6・6節参照).

[3] 直交電磁場中の運動

一般に電場$\boldsymbol{E}$と磁場(磁束密度$\boldsymbol{B}$)が存在するとき,質量m,電荷qの粒子はローレンツの力を受けるので運動方程式は

$$m\frac{d\boldsymbol{v}}{dt}=q(\boldsymbol{E}+\boldsymbol{v}\times\boldsymbol{B}) \qquad (2\cdot 18)$$

と書ける.ここで,ベクトル$\boldsymbol{E}$と$\boldsymbol{B}$が時間・空間的に一定であり,直交する場合のイオン($q=e$)や電子($q=-e$)の運動を考えよう.上式を解くために新しい速度$\boldsymbol{w}$を導入して

$$\boldsymbol{v}=\boldsymbol{w}+\frac{\boldsymbol{E}\times\boldsymbol{B}}{B^2} \qquad (2\cdot 19)$$

の形の解を仮定する.これを式(2・18)に代入すると,$\boldsymbol{E}$と$\boldsymbol{B}$が直交するのでベクトル公式$(\boldsymbol{E}\times\boldsymbol{B})\times\boldsymbol{B}=-B^2\boldsymbol{E}$を用いて

$$\begin{aligned}m\frac{d\boldsymbol{w}}{dt}&=q\left\{\boldsymbol{E}+\boldsymbol{w}\times\boldsymbol{B}+\frac{1}{B^2}(\boldsymbol{E}\times\boldsymbol{B})\times\boldsymbol{B}\right\}\\&=q\boldsymbol{w}\times\boldsymbol{B}\end{aligned} \qquad (2\cdot 20)$$

この式は電場がないときの式(2・8)と同じ形であるから,$\boldsymbol{w}$はサイクロトロン運動(円運動)を表している.これに対して式(2・19)の右辺第2項は$\boldsymbol{E}$と$\boldsymbol{B}$のベクトル積の方向に一定速度でドリフト($\boldsymbol{E}\times\boldsymbol{B}$ドリフトという)する直線運動を表している.その速度は

$$\boldsymbol{u}_\mathrm{D}=\frac{\boldsymbol{E}\times\boldsymbol{B}}{B^2} \qquad \left(u_\mathrm{D}=\frac{E}{B}\right) \qquad (2\cdot 21)$$

で与えられ,電荷qや質量mによらずに電子もイオンも同じ速度でドリフトする.そのドリフト速度は$u_\mathrm{D}[\mathrm{m/s}]=E[\mathrm{V/m}]/B[\mathrm{T}]$で与えられる.

図2・4は,$\boldsymbol{E}$が$-y$方向で$\boldsymbol{B}$が$-z$方向を向いており,電子が原点を初速度ゼロで出発したときに,xy平面上に描く軌跡を実線で示している.電子が$+y$方向を向いている間は電場で加速されてラーモア半径が大きくなるが,電子が回転して$-y$方向を向くと減衰されるので元の半径に戻る.このラーモア半径の伸縮の結果として,x方向へのドリフトが生じる.$y=0$となる点では,$E\times B$ドリフト

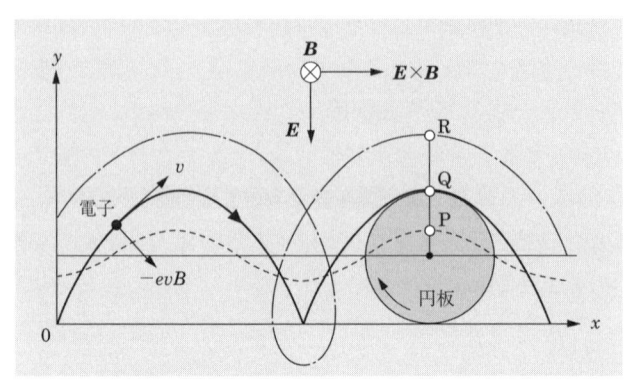

図2・4 電子が磁場 B と電場 E の中で $E \times B$ ドリフトするときの3種類の軌跡．実線（$w=u_\mathrm{D}$）はサイクロイド，破線と一点鎖線はトロコイドと呼ばれる．

の速度 u_D と円運動の速度 w が反対向きで相殺して速度がゼロになっている．この軌跡はサイクロイドと呼ばれる曲線に相当し，図に示すように x 軸上にのせた円板を滑らないようにして回転させていくとき，円周上の点Qが描く軌跡に等しい．マイクロ波発振管のマグネトロンにおいては，陰極から出た熱電子がサイクロイドを描いて陰極のまわりを周回している．5・5節で述べるマグネトロン放電では，陰極から出た2次電子が $E \times B$ ドリフトをしてサイクロイドを描く．一方，図に示す円板内の点Pが描く軌跡は $w < u_\mathrm{D}$ の場合，円板外の点Rが描く軌跡は $w > u_\mathrm{D}$ の場合の電子の軌道に相当し，トロコイドと呼ばれる曲線になる．

② 衝突の考え方[2]

プラズマ中には電子 (e)，イオン (i)，中性粒子 (n) の3種類の粒子が衝突をしながら動き回っている．例えば電子とイオンの衝突をe-i衝突と書くと，衝突の組合せは①e-i衝突，②e-e衝突，③i-i衝突，④e-n衝突，⑤i-n衝突，⑥n-n衝突の6通りになる．このうち最初の①，②，③は荷電粒子間の衝突であり，クーロン力（遠距離までおよぶ力）が作用するのでクーロン衝突と呼ぶ．一方，残りの④，⑤，⑥は少なくとも一方の衝突相手が中性粒子であるため，二つの粒子が接触する瞬間にだけ力が働く．

[1] 衝突断面積

粒子を堅い球とみなし，半径 r_1, r_2 の二つの粒子 1, 2 が衝突（接触）した瞬間を**図 2・5** に示す．図において粒子 2 が原点に静止しているとし，これをめがけて z 軸に平行に粒子 1 を走らせて衝突・命中させることを考えてみよう．原点を中心として半径 $(r_1 + r_2)$ の円を xy 面上に描き，粒子 1 の中心点を xy 面上に投影したとき，それが上記の円内に入っていれば粒子 1 は粒子 2 と必ず衝突する．

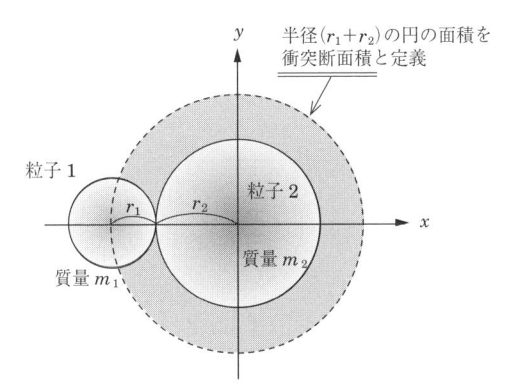

図 2・5 粒子 1 と粒子 2 が衝突した瞬間のようす

この円の面積は

$$\sigma = \pi (r_1 + r_2)^2 \tag{2・22}$$

と書け，σ が大きいほど衝突が起こりやすい．そこで σ を衝突確率を表す量と考え，これを**衝突断面積**という．中性粒子である原子・分子の半径は付録 1 に示すように $r \simeq 10^{-10}$ [m] 程度であり，断面積は $\sigma \simeq 10^{-20}$ [m^2] 程度になる．

ここで，イオンと中性粒子の半径がほぼ同じで r とすれば，i-n 衝突と n-n 衝突の断面積は $\sigma = 4\pi r^2$ となる．一方，電子の半径は極めて小さいので無視すると，e-n 衝突の断面積は $\sigma = \pi r^2$ となる．このことから，i-n 衝突や n-n 衝突の断面積は e-n 衝突のそれよりも 4 倍大きいということができる．

これまで述べた剛体球モデルによれば，断面積 σ は衝突エネルギーによらず一定となる．実際には電子も分子も固い球ではないので，衝突時には力学的な力ではなく電気的な力が作用する．すなわち，電子やイオンが近づくと中性粒子は分極を起こして電気双極子を形成する．この双極子がつくる電場と，電子やイオンが作用して，軌道が変わる．この分極効果は衝突粒子の相対速度に依存するので，一般に衝突断面積は一定でなくエネルギーの関数である．特に，Ar や Kr などの

希ガス（He, Neを除く）と電子の衝突においては，**図2・6**に示すように電子エネルギー ε が1eV前後のときに σ が著しく小さくなる現象があり，これを**ラムザウア効果**（Ramsauer effect）と呼んでいる．この現象は古典力学では説明ができず，電子の波動性を扱う量子力学の助けが必要である．よく知られているように，電子波の波長 Λ は運動エネルギー E によって変化し，$\Lambda\,[10^{-10}\mathrm{m}] = h/mv = \sqrt{150/\varepsilon}\,[\mathrm{eV}]$ と与えられる．エネルギーが低くなって波長が分子の直径に近づくと，分子と衝突したときに波の回折による位相がうまく合えば，あたかも障害物がなかったかのように電子波が通過するので衝突断面積が小さくなる．

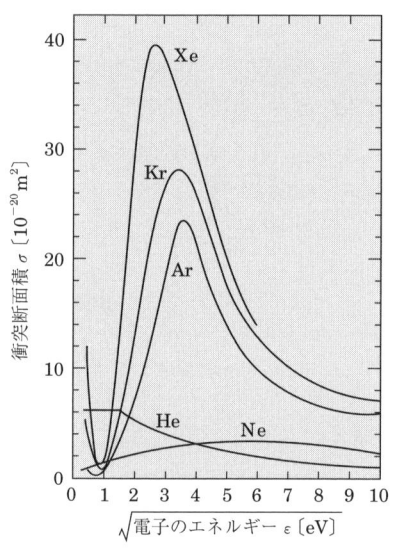

図2・6 希ガスの電子衝突断面積とラムザウア効果

[2] 平均自由行程

衝突はランダムに起こるので，衝突から次の衝突までに走る距離（自由行程という）は短かったり長かったりする．これを統計平均して距離 λ 進むごとに衝突を起こすと考えて，λ を**平均自由行程**（mean free path）と呼ぶ．この λ の値を求めるために**図2・7**に示すように，密度 n_2 をもって粒子2（黒丸）が満ちている空間に，別の粒子1（白丸）をある速度で1個打ち込んでみよう．このテスト粒子が距離 λ を直線的に進む間に衝突する可能性がある空間は，図2・5の σ の定義からわかるように，σ を底面とし λ を高さとする円柱（体積 $\sigma\lambda$）の領域である．λ

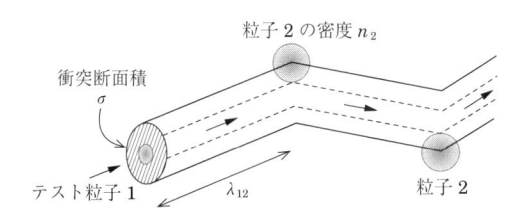

図2・7 平均自由行程 λ_{12} の説明．テスト粒子1は静止している粒子2と衝突しながら進む．

進むと必ず衝突するということは，この領域に含まれる粒子2の数が1個あること，すなわち，$n_2\sigma\lambda = 1$ を意味している．この式から，粒子1が粒子2と衝突する平均自由行程を λ_{12} とすれば

$$\lambda_{12} = \frac{1}{n_2\sigma} \qquad (2\cdot23)$$

が成り立つ．前述のようにe-n衝突の断面積はn-n衝突のそれの1/4と小さいので，e-n衝突の平均自由行程 λ_{en} はn-n衝突の λ_{nn} より4倍長くなる．

式 (2・23) を出すときは，一方の粒子2は静止していると仮定した．このモデルは，高速で運動する電子がゆっくり動く中性粒子（気体分子）に衝突する場合は正しい．しかし，中性粒子間のn-n衝突のときは両者が同じような速度で運動しているので，一方が静止しているとみなすことはできない．どちらも動いているとすると，一方が静止しているとした場合より相対速度が大きくなる．したがって，単位時間内の衝突回数が増し，その結果平均自由行程が短くなる．正確な計算によると $\lambda_{nn} = \lambda_{en}/4\sqrt{2}$ となる．イオンと中性粒子の衝突の場合は，イオン温度が中性粒子温度より高いので $\lambda_{nn} > \lambda_{in}$ となる．

1秒間に衝突する平均回数を**衝突周波数**と呼ぶ．前述の図2・7のモデルにおいてテスト粒子1が粒子2と衝突する周波数を ν_{12}，粒子1の平均熱速度を $\langle v_1 \rangle$ としよう．このとき，テスト粒子が1秒間に走る距離は $\langle v_1 \rangle = \nu_{12}\lambda_{12}$ であるから，衝突周波数は

$$\nu_{12} = \frac{\langle v_1 \rangle}{\lambda_{12}} = n_2\sigma\langle v_1 \rangle \qquad (2\cdot24)$$

となる．前に述べた平均自由行程の比を用いると，$\nu_{en}/\nu_{nn} = (\langle v_e \rangle/\lambda_{en})/(\langle v_n \rangle/\lambda_{nn}) = (\langle v_e \rangle/\langle v_n \rangle)/4\sqrt{2}$ であることがわかる．

ここで中性粒子の密度を求めて λ_{en} や ν_{en} などの数値を求めてみよう．気体の圧

力pと温度Tを与えれば理想気体の状態方程式$p=n\kappa T$から分子密度nを計算することができる．気体放電中のガス温度は室温より高くておおよそ$T=400$〔K〕とおけるから，ボルツマン定数$\kappa=1.38\times 10^{-23}$〔J/K〕を代入して分子密度は

$$n〔\mathrm{m}^{-3}〕=1.81\times 10^{20}p〔\mathrm{Pa}〕 \tag{2・25}$$

となる．この式では圧力の単位としてPa（パスカル）を用いているが，慣例として用いられてきた単位mTorr（ミリトール）に換算するには$1\,\mathrm{Pa}=7.501\,\mathrm{mTorr}$という関係を用いる．

気体分子の半径rはまちまちであるが（付録1参照），代表的な値として$r=2\times 10^{-10}$〔m〕を用いて数値をあたってみよう．e-n衝突の場合，断面積$\sigma_{\mathrm{en}}=\pi r^2$と平均熱速度$\langle v_{\mathrm{e}}\rangle=(8\kappa T_{\mathrm{e}}/\pi m_{\mathrm{e}})^{1/2}$を用いて式(2・23)〜(2・25)より平均自由行程と衝突周波数に関して

$$\left.\begin{array}{l}\lambda_{\mathrm{en}}〔\mathrm{cm}〕=4.40/p〔\mathrm{Pa}〕\\ \lambda_{\mathrm{nn}}〔\mathrm{cm}〕=\lambda_{\mathrm{en}}/4\sqrt{2}=0.778/p〔\mathrm{Pa}〕\\ \nu_{\mathrm{en}}〔\mathrm{Hz}〕=1.52\times 10^{7}p〔\mathrm{Pa}〕\sqrt{T_{\mathrm{e}}〔\mathrm{eV}〕}\end{array}\right\} \tag{2・26}$$

という数値式が得られる（付録2参照）．

[3] クーロン衝突

衝突しあう二つの粒子の少なくとも一方が中性粒子のときは，粒子同士が"接触"してから力が働くので，衝突断面積は粒子の大きさでほぼ決まる．一方，荷電粒子間の衝突の場合はクーロン力（$\propto 1/r^2$）が作用するので，両者が限りなく離れていても影響しあうことになる．すなわち，衝突断面積が無限大であるかのように作用しあう．さらに，プラズマは非常に多くの荷電粒子を含んでいるので，同時に多くの粒子がクーロン力を及ぼしあっていることになる．粒子間に力が働いて速度や軌道が変わることが衝突であるから，プラズマ内のクーロン衝突は同時に多くの粒子と衝突する多体衝突といえる．

例えばプラズマ中の1個の電子（テスト電子）に注目すると，テスト電子はイオンの群れがつくるクーロン力で少しずつ軌道を曲げられながら運動していく（微小角散乱を繰り返す）ので，速度ベクトルが90°曲げられたとき（大角散乱）をもって"衝突"が起こったと定義する．なお，この多体衝突においてテスト電子は，プラズマ中のイオンによるすべてのクーロン電場を感じているわけではないことに注意しよう．すなわち，イオンのまわりを多数の電子が熱運動してクー

ロン電場を遮へいしてしまうので，イオンによるクーロン力は実効的にはデバイ長 λ_D 〔3章の式 (3·20) 参照〕程度の範囲にしか作用しない．これを考慮した厳密な計算は他書にゆずって結果だけを示すと，電子と1価の正イオン（$T_i < T_e$）の間の衝突周波数 ν_{ei} は，プラズマ密度 n_0 〔m^{-3}〕，電子温度 T_e 〔eV〕のとき

$$\nu_{ei} = 2.9 \times 10^{-12} n_0 \ln \Lambda / T_e^{3/2} \, \text{〔Hz〕} \tag{2·27}$$

と与えられる．ここで，Λ はデバイ長を半径とする球内に含まれる電子数の9倍と定義されている．$\ln \Lambda$ はクーロン対数と呼ばれる量で，n_0 や T_e によってあまり大きく変化せず，$T_e = 1$ 〔eV〕，$n_0 = 10^{16}$ 〔m^{-3}〕のとき $\ln \Lambda = 11.7$ であり，$\nu_{ei} = 3.4 \times 10^5$ 〔Hz〕となる．

デバイ長のスケール内で大角散乱を起こすことをクーロン衝突ということを前に述べた．その"衝突"が無視できる条件においてもクーロン力は作用しており，デバイ長を超えて集合的に荷電粒子に働き，多くの粒子に同時に微小角散乱を引き起こし，いわゆるプラズマの**集団運動**（collective motion）が起こる．その典型的な例は空間電荷密度の変動が伝搬するプラズマ波である．このような巨視的（マクロ）な現象については次章で述べる．

③ 弾性衝突で失うエネルギー[3)]

衝突が起こったときの粒子間のエネルギー授受を調べてみよう．衝突の前後で運動エネルギーおよび運動量が保存される場合を**弾性衝突**（elastic collision）と呼び，それらが保存されずに粒子の内部エネルギーの変化を伴う高エネルギー衝突を**非弾性衝突**（inelastic collision）と呼ぶ．後者については次節で扱うことにし，ここでは前者の弾性衝突について説明する．図2·5を参照して，質量 m_2 の粒子2が静止している（速度 $v_2 = 0$）所に，x 軸に沿って左側から質量 m_1 の粒子1が速度 v_1 で走ってきて正面衝突する場合を考える．衝突後の粒子1, 2の速度を v_1', v_2' とすれば，次の二つの保存則が成り立つ．

$$\text{運動量保存則：} m_1 v_1 = m_1 v_1' + m_2 v_2' \tag{2·28}$$

$$\text{エネルギー保存則：} \frac{1}{2} m_1 v_1^2 = \frac{1}{2} m_1 v_1'^2 + \frac{1}{2} m_2 v_2'^2 \tag{2·29}$$

上式を，衝突後の速度 v_1', v_2' を未知数とする連立方程式と考えて，v_2' を求めると

$$v_2' = \frac{2 m_1}{m_1 + m_2} v_1 \tag{2·30}$$

この衝突によって粒子1が失った運動エネルギー $\Delta\varepsilon$ は衝突後に粒子2がもらったエネルギー $(m_2 v_2'^2/2)$ に等しい．このことに注意しながら，粒子1の**エネルギー損失係数** (loss factor) κ を衝突前のエネルギー ε_1 と失ったエネルギー $\Delta\varepsilon$ の比と定義して計算すると

$$\kappa = \frac{\Delta\varepsilon}{\varepsilon_1} = \frac{(1/2)m_2 v_2'^2}{(1/2)m_1 v_1^2} = \frac{4m_1 m_2}{(m_1+m_2)^2} \tag{2・31}$$

となる．この式から $m_1 = m_2$ のとき $\kappa=1$ となり，衝突後に粒子1は静止して粒子2が1と同じ速度で走り出すことがわかる．しかし，上の計算は正面衝突という特殊な場合の計算である．一般に斜めに衝突した場合を考えると，例えば図2・5は粒子1が x 軸に対して角度 θ で入射して粒子2に当たった瞬間であると考えると粒子2の速度は，式 (2・30) の右辺に $\cos\theta$ をかけた値になる（演習問題 問3）．そこで，すべての角度について平均すると損失係数は式 (2・31) の値の半分となり，次の式が成り立つ．

$$\kappa = \frac{2m_1 m_2}{(m_1+m_2)^2} \tag{2・32}$$

この式から，n-n衝突やi-n衝突のようにほぼ同じ質量の重い粒子間の衝突のとき $m_1 \fallingdotseq m_2$ なので $\kappa \fallingdotseq 0.5$ となり，1回の衝突で半分のエネルギーを失ってしまう．これに対して，電子がそれより約1万倍も重い中性粒子と衝突するときは $\kappa \fallingdotseq 2m_\mathrm{e}/m_\mathrm{n} \fallingdotseq 10^{-4}$ となり，電子はエネルギーをほとんど失わない．このように電子のエネルギー損失係数が非常に小さいために，弱電離プラズマでは電子温度 T_e がイオン温度 T_i やガス温度 T_n よりも桁違いに高くなる．ただし，大気圧のように衝突が非常に多い場合は熱平衡状態となり，$T_\mathrm{e} \fallingdotseq T_\mathrm{i} \fallingdotseq T_\mathrm{n}$ となる．

④ 原子の励起と電離

[1] 原子の内部エネルギー

非弾性衝突においては，粒子の運動エネルギーだけでなく内部エネルギーも変化すると前に述べた．この項では原子の内部エネルギーについて考えてみよう．電子を粒子とみなす古典力学で考えると，原子内では正電荷をもつ重い核のまわりを負電荷をもつ電子が円運動しており，遠心力とクーロン力が釣り合っているというモデルが成り立つ．この原子に外から電子が衝突したとき，原子核が運動

量をもらって原子全体としての並進運動の速度が変化する．また，衝突の際に核のまわりを回っている電子に直接運動エネルギーが与えられれば，その電子は前よりも大きな円を描くようになる（励起衝突）．このことは，原子の内部エネルギーが増えたことを意味する．衝突エネルギーが大きいほど原子内の電子は大きい円を描くようになり，ついにはクーロン引力を断ち切って原子を離れ，自由電子と正イオンに分かれる（電離衝突）．この古典的な粒子像は定性的理解に役立つが，定量的な議論をするには電子を波動とみなす量子力学が必要である．

それによると原子内の電子の配置は四つの量子数で決まり，内部エネルギー状態は離散的なある特定のエネルギー準位だけが許される（囲み記事参照）．また，それぞれの準位に同時に二つの電子が入ることは許されないので，最もエネルギーが低くて安定な原子の状態（**基底状態**）は下のエネルギーの軌道（殻）から順番に電子が埋められた構造になっている．例えば，ネオン原子（Ne）の基底状態は10個の電子が主量子数 $n=2$ までの三つの殻（1s, 2s, 2p）をすべて満たしており，電子配置は $1s^2 2s^2 2p^6$ と表される．この基底状態をエネルギーの基準（ゼロ）として，それよりエネルギーの高い状態（**励起状態**）のエネルギー準位を示したのが**図2·8**である．図のように3s軌道には四つの励起状態があり，その上の3p軌道には六つの励起準位がある．さらに3d, 4s, 4p, ……と量子数を無

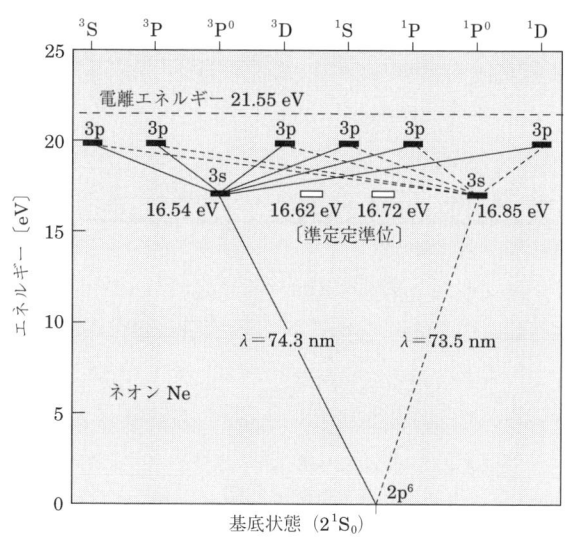

図2・8　ネオン原子のエネルギー準位図

限に増やしていくと,最も高い準位21.55eVに達する.このエネルギーは,基底状態のネオン原子を電離させるために必要な最小のエネルギー(電離エネルギー;eV_1)を示し,ボルト単位を用いてV_1を**電離電圧**という(付録1参照).すなわち,ネオンに衝突する電子の運動エネルギーεが電離エネルギーを超えるとき電離が起こり,

① 電離過程:e + Ne → Ne$^+$ + e + e　　　($\varepsilon \geq 21.55$ eV)

により,ネオン原子は正イオンNe$^+$と自由電子に分かれる.

[2] 電子や光による原子の励起

基底状態の静止しているネオン原子に電子を衝突させる場合を考えよう.図2·8から最低の励起準位は16.54eVであり,それ以下の運動エネルギーで電子が衝突したときは弾性衝突しか起きず,原子核に並進運動のエネルギーを与えるだけである.しかしそれ以上のエネルギーで衝突すると,6個の最外殻電子のうちの一つが3s軌道に移り,励起状態のネオン(Ne*と表す)ができる.この非弾性衝突を反応式の形で書くと

② 励起過程:e + Ne → Ne* + e　　　($\varepsilon \geq 16.54$ eV)

となる.通常,励起状態は不安定であって短時間(数~50 ns)に電気双極子放射を起こして基底状態に戻る(脱励起).上記の例ではネオンの励起状態のエネルギー16.54eVに相当するエネルギーの光,すなわち波長$\lambda = 74.3$ nmの光を自然放出して基底状態に戻る(プランク定数hを用いて光子のエネルギー$h\nu = hc/\lambda = 16.54$ eV).この光は紫外線なので目に見えないが,3p軌道から3s軌道に落ちるときのエネルギー差は小さいため,700 nm近辺の赤色の光を放射する.ネオンガスの放電を用いるネオンサインが鮮やかに赤く輝くのは,この励起原子のエネルギー遷移による.

このように,プラズマからの発光のスペクトルは原子に固有の波長をもっているので,逆に発光線の波長と強度を調べるとプラズマ内の粒子の種類と密度を知ることができる(プラズマの発光分光測定).また,二つの準位の差ΔEに等しい光子エネルギー($h\nu = \Delta E$)をもつ光を当てると,原子は共鳴的に下から上の準位に励起される($h\nu > \Delta E$のときはエネルギーが高すぎて励起されないことに注意).このことを利用して,プラズマに光を照射して吸収が起こる波長とそのときの吸収の強さを調べると,プラズマ中の粒子種と密度を求めることができる

原子の内部状態と分光記号

原子内の電子状態は四つの量子数,すなわち n(主量子数),l(方位量子数),m_l(磁気量子数),m_s(スピン量子数)で表される.ここで n, l, m_l は整数であり($l+1 \leq n$, $|m_l| \leq l$),$m_s = \pm \frac{1}{2}$ である.n を与えるとエネルギーが決まり,その同じエネルギーに対して異なる l, m_l, m_s をもつ $2n^2$ 個の電子状態が許される.l を与えると**全軌道角運動量** $L = \sum l$ が決まり,$l = 0, 1, 2, 3$ をもつ電子をそれぞれ s, p, d, f 電子と呼ぶ.パウリの排他律により,同一の電子状態に二つ以上の電子が入ることは許されない.したがって,最もエネルギーの低い状態(基底状態)の水素,酸素,アルゴン原子の電子配置はそれぞれ 1s, $1s^2 2s^2 2p^4$, $1s^2 2s^2 2p^6 3s^2 3p^6$ となる.ここで,右肩の添字は電子の数を表し,例えば $2p^6$ は $n=2$, $l=1$ の副殻に 6 個の電子が入っていることを示す.基底状態で最も外側の副殻に入っている電子(最外殻電子)は価電子と呼ばれ,化学反応において重要な役割を果たす.そこでこの原子の状態を表すのに,すべての価電子の l の総和である全軌道角運動量 L と,m_s の総和である**全スピン角運動量** $S = \sum s$ を用いる.全スピンが S であるエネルギー状態のことを $(2S+1)$ 重項と呼び(例えば $S=1$ ならば 3 重項),非常に小さいエネルギー差の中に $(2S+1)$ 個の準位が集まっている.この微細構造を表すために,L と S のベクトル和として原子のもつ**全角運動量** J を定義する.

以上のような原子内の電子状態を表現するために,分光学では次のような記法を用いる.まず $L = 0, 1, 2, 3, \cdots$ の状態をそれぞれ大文字の S, P, D, F, $\cdots$ を使用し,その左肩に $(2S+1)$ の値を示し,右下に J の値を示す.さらに最外殻電子の n の値をこれらの記号の前に書く.例えば 1^1S_0 は $n=1$, $L=0$, $S=0$, $J=0$ を意味しており,ヘリウムの基底状態を表す.また,$3^2P_{3/2}$ は $n=3$, $L=1$, $S=1/2$, $J=3/2$ を意味している.一方,二つのエネルギー準位の間を光学的に遷移することが許される,いわゆる許容遷移の条件(選択則)は

$\Delta L = 0, \pm 1$ (ただし,$L=0 \to L=0$ は禁止)

$\Delta S = 0$, $\Delta J = 0, \pm 1$ (ただし,$J=0 \to J=0$ は禁止)

と与えられる.ここで Δ は二つの準位間の各量子数の差を表す.

以上述べたように,$1S_0$, 3^3P_2, $2^2D_{5/2}$ などのような分光記号が用いられるが,その表記法をまとめると下のようになる.

原子の分光記号:$n^{2S+1}(L)_J$

ただし,$n = 1, 2, \cdots$:主量子数
$S = 0, \pm\frac{1}{2}, 1$:全スピン角運動量
$L = 0, 1, 2, 3, \cdots$:全軌道角運動量
$J = L + S$:全角運動量

L の大きさを表す記号
$L = 0\ 1\ 2\ 3\ \cdots\cdots$
記号 　S P D F $\cdots\cdots$

(プラズマの吸収分光測定).さらに,波長可変のレーザを用いて上準位に上げてやり,そこから下の準位に落ちるときに出る光(蛍光)を測定する方法もプラズマ診断に用いられる(レーザ誘起蛍光法).これらの診断法については参考文献4)を参照されたい.

　上記のように光を吸収あるいは放出してエネルギー準位を変えることを遷移と呼ぶ.遷移は任意の準位間で許されるわけでなく,選択則(囲み記事参照)を満たして遷移が許される場合を**許容遷移**,そうでない場合を**禁制遷移**と呼ぶ.図2·8に示した16.62 eVの準位(3^3P_2)および16.72 eVの準位(3^3P_0)から基底準位に光を出して落ちることは許されない.また,その逆に光を吸収して基底状態からそこに上がることも許されない.このような基底状態への遷移が光学的に禁じられている励起準位を**準安定準位**(metastable level)と呼び,ボルト単位でそのエネルギー差を表して準安定電圧V_mという.基底状態から準安定状態への遷移は,光の吸収では不可能であるが,電子衝突の場合は可能であり,

　　　③　準安定への励起:$e + Ne \rightarrow Ne^m + e$　　($\varepsilon \geq 16.62$ eV)

と表し,生成された準安定原子(metastable atom)をNe^mのように書く.

　一度,準安定状態に上がると,そこから基底状態へ自然に落ちることは禁じられているので,準安定状態の寿命は著しく長い(10^{-4} ～数s).結局,準安定状態から抜け出せるのは,ほかの粒子との衝突あるいは光子の吸収で通常の励起準位に上がってから放出するか,ほかの原子・分子と非弾性衝突をするか,器壁と衝突するような場合である.

　準安定原子は放電プラズマにおいてしばしば重要な働きをする.その有名な例が,1937年にペニング(Penning)が発見したことからその名がついた**ペニング効果**である.彼の実験によれば,50 mTorrのネオンガスの直流放電を点火するには約800 Vの高電圧を要するが,わずか0.1 %のアルゴンを添加すると放電開始電圧が1/4に下がったという.このペニング効果はネオンの準安定原子によるものであり,次のように説明される.電子によるネオンの電離過程①は,衝突時の運動エネルギーが21.55 eV以上にならないと起こらないので高電圧を印加して電場を強めないと放電を開始しない.ところが準安定原子の生成過程③はもっと低いエネルギーの$\varepsilon_m = 16.62$ eVで可能となる.さらに,この高い内部エネルギーをもつネオンがアルゴンと衝突すると,アルゴンの電離電圧$\varepsilon_i = 15.75$ eVよりε_mのほうが高いので,

④ 準安定原子による電離：$Ne^m + Ar \rightarrow Ne + Ar^+ + e$
という反応が起こり，容易にアルゴンを電離することができる．したがって，わずかにアルゴンを添加しただけで放電が起こりやすくなる．このようなペニング効果は蛍光灯（数TorrのArガスに数mTorrのHg蒸気圧）の点火にも利用されている．この場合はArの準安定準位（11.5 eV：4^3P_2および11.7 eV：4^3P_0）がHgの電離電圧（10.4 eV）より高いことを用いている．また，7・3節で述べるプラズマディスプレイでもペニング効果は重要な働きをしている．

一方，準安定原子に電子が衝突するとき，その原子からポテンシャルエネルギー eV_m をもらって加速されることがある．このように，衝突によって電子が相手から運動エネルギーをもらう場合，これを**超弾性衝突**という．

さてここで，電子がアルゴン原子に衝突したときの励起や電離の起こりやすさ（衝突断面積）を測定したデータ例を**図2・9**に示しておく．比較のために，図2・6のラムザウア効果を示す弾性衝突の断面積も対数目盛で描いている（励起電圧，電離電圧の値は付録1を参照）．

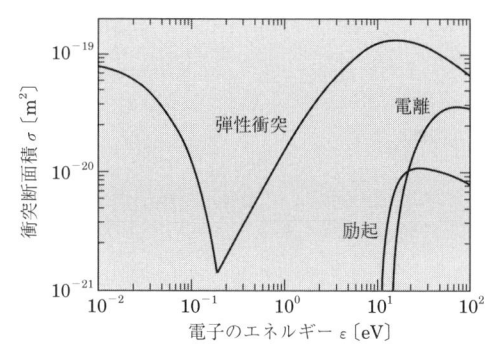

図2・9 アルゴンの衝突断面積[注]

[3] 原子の電離

原子の電離過程は次の五つに大別できる．中性原子をX, Yと書き，準安定原子をX^m，正イオンをX^+, Y^+と表し，電子をe，光子を$h\nu$と書けば

(ⅰ) 電子衝突による電離 ： $e + X \rightarrow X^+ + 2e$
(ⅱ) 準安定原子による電離 ： $X^m + Y \rightarrow X + Y^+ + e$

(注) V. Vahedi：学位論文（Modeling and Simulation of Rf Discharges Used for Plasma Processing），カリフォルニア大学バークレイ校（1993）

(iii) イオン衝突による電離 ： $X^+ + Y \to X^+ + Y^+ + e$
(iv) 中性粒子衝突による電離 ： $X + Y \to X + Y^+ + e$
(v) 光による電離 ： $h\nu + X \to X^+ + e$

このうち，(ii)の準安定原子による電離についてはすでに説明したとおりである（準安定原子同士の衝突による電離もある）．(i)の電子衝突電離の場合は前に述べたように，衝突電子のエネルギーが電離エネルギーeV_I（第一電離電圧）を超えると原子の最外殻電子（価電子）がはじき出されて電離が起こる．しかし，衝突エネルギーが十分高い場合には，内側の電子が励起されることがある．この励起準位はeV_Iよりも高いのが普通であり，非常に不安定であって短時間に自然に電離してしまう．この過程を**自動電離**という．また，1価の正イオンに電子が衝突し，イオンから電子をはじき出して2価の正イオンをつくることもある．この電離に要するエネルギーを電圧で表して第二電離電圧という．超高温の核融合プラズマでは，ほとんどすべての軌道電子をはぎとるまで電離が進み，多価イオンが生成される．一方，弱電離プラズマでは準安定原子の電離が無視できない場合がある．なぜなら，(i)のXが準安定であるときの電離のしきい値（$eV_\mathrm{I} - eV_\mathrm{m}$）は低いので，電離生成レートが大きくなるからである．

上記の(iii)，(iv)は，基底状態の重い粒子の間の衝突による電離である．一般にこの反応は電子衝突電離に比べて起こりにくく，数百eV以上の衝突エネルギーを必要とする．なぜなら式(2·32)から，質量M，運動エネルギーεのイオンが質量mの電子（最外殻電子）と衝突しても，$(m/M)\varepsilon$程度のわずかな運動エネルギーしか電子に与えられないからである．したがって，通常の弱電離プラズマではこの過程を無視することができる．ただし，高温で高圧力のガスの場合は(iv)の過程が重要であり，**熱電離**（thermal ionization）と呼ばれる．例えば，大気中の炎やガス温度が数千度以上になるアークプラズマ中では，電離を起こすような高速の中性粒子も生成され，熱運動による衝突電離が可能となる．この熱電離については5·3節[3]で詳しく説明する．

光による励起は，そのエネルギー準位の差にちょうど等しいエネルギーをもつ波長の光によってのみ可能であることを前に述べた．しかし，(v)の光電離の場合には，電離しても余る光子エネルギーは電離された電子が運動エネルギーとしてもち得る．したがって，光電離は光子エネルギー（$h\nu$）が電離エネルギー（eV_I）より大きいような短波長の光を原子に当てるとき，常に可能となる．一般

に，放電プラズマ中で発生する紫外線の量は少ないので，光電離は電子衝突電離に比べて無視できる．なお，光電界が非常に強い場合は別の電離機構も可能になる（7章の囲み記事参照）．

[4] 電荷交換衝突

弱電離プラズマでよく起こる**電荷交換衝突**について説明しよう．これは例えば，正イオンA^+と原子Bが衝突して

$$A^+ + B \rightarrow A + B^+$$

の反応が起こり，原子Aと正イオンB^+ができる過程である．すなわち，AとBが衝突の際に正電荷を交換するので電荷交換（または荷電交換）衝突という．この過程をよく見ると，正イオンA^+が近づくときクーロンポテンシャルによって，原子Bの価電子が引き抜かれてAに移っている．すなわち，負電荷をもつ電子がBからAに移動することによって電荷交換が起こっている．AとBが同じ原子ならば価電子は同じエネルギー準位に移るので，衝突の前後で両者の内部エネルギーの和は不変である．このような同一粒子間の共鳴電荷交換の断面積は大きく，弾性衝突のそれの2倍にも達する．なお，電荷交換衝突は$Ar^+ + Ar$のようなイオン・原子衝突において起こるだけでなく，$Ar^+ + CH_4$や$Ar^+ + SiH_4$のようなイオン・分子衝突でも起こる．

電荷交換衝突を利用して高速の中性粒子ビームをつくり，これをプラズマに入射して加熱する研究が磁場閉じ込め核融合で行われている．水素イオンを電場で加速してから水素ガスの中を通すと，電荷交換によって高速の水素原子ビームが生まれる．高速での電荷交換断面積が正イオンH^+よりも負イオンH^-のほうが大きいので，負イオンが利用されており，

$$H^-（高速）+ H（低速）\rightarrow H（高速）+ H^-（低速）$$

の反応によって100keVもの高エネルギーをもつ水素原子ビームが生成されている．

⑤ 分子の励起と解離・電離[4]

[1] 分子の内部エネルギー

プラズマプロセスの放電では単原子分子である希ガスのほかに，いくつかの原子が化学結合してできたガス分子が用いられる．2原子分子としてはH_2, O_2など

回転

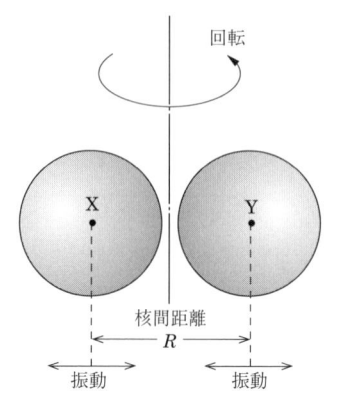

X   Y

核間距離
R

振動   振動

図 2・10 2 原子分子 XY の振動，回転

があり，5 原子分子としてはメタン（CH_4），シラン（モノシラン，SiH_4），フロン（四フッ化炭素，CF_4）などがよく使用される．一般に，原子 X と原子 Y が電子対を共有して化学結合し，分子 XY を形成しているようすを描いたのが**図 2・10** である（以下に述べることは，X や Y が複数の原子からなるラジカルであってもほぼ成り立つ）．図において，X と Y の原子核の間の距離 R は温度で決まる振幅で振動しており，また，XY は全体として軸のまわりを回転している．したがって，分子の場合は重心の直線運動（並進運動）だけでなく，振動と回転の運動エネルギーももっている．さらに，化学結合に蓄えられるポテンシャルエネルギーをもっている．体積 V，圧力 p の気体がもつこれら 4 種類のエネルギーの総和を**内部エネルギー**と呼び，U と表す．これを用いて，熱力学的状態を示すパラメータとしてエンタルピー H を $H = U + pV$ と定義する．この概念に基づいて，標準状態（25 ℃，1 気圧）の気体 1 モル（6.02×10^{23} 個の分子）を生成するのに要するエンタルピー（**標準生成熱**）が，ガス分子ごとに求められている．気体の標準生成熱（ΔH_f°）は，熱力学的に安定な標準状態の気体（H_2，N_2，O_2 など）を基準（ゼロ）として，それに比較してどれだけのエネルギーが必要であるかを kJ/mol の単位で表すのが一般的である．ここでは 1 モル当たりではなく，1 分子当たりのエネルギーを考えて eV 単位で示すことにし，プラズマプロセス用の代表的ガスであるメタン，シラン，フロンの標準生成熱の値を**表 2・1** に示す．さらにこの表には，分子から H や F が一つずつ取れた形のラジカルや原子の標準生成熱も示している．

さて，ガス分子 XY を加熱していくと X と Y の結合の振動が激しくなり，振動エネルギーが結合エネルギー eV_B を超えると

表 2・1　標準生成熱 ΔH_f°（1分子当たりのエネルギーに換算）

（単位：eV）

CH_4	CH_3	CH_2	CH	C
-0.774	1.50	3.99	6.15	7.41
SiH_4	SiH_3	SiH_2	SiH	Si
0.35	2.02	2.57	3.49	4.65
CF_4	CF_3	F	O	H
-9.53	-4.91	0.814	2.57	2.25

1 eV は 97.0 kJ/mol に相当する．

$$XY \to X + Y \qquad (\varepsilon \geq eV_B)$$

という反応が起こり，解離してしまう（熱解離）．この結合解離エネルギーは，右辺のXとYの標準生成熱の和から，左辺のXYの標準生成熱を差し引いた値に等しい．例えば，$H_2 \to H + H$ の解離には $2.25 \times 2 = 4.50 \, eV$ の熱エネルギーが必要であり，$SiH_4 \to SiH_2 + H_2$ の反応には $2.57 - 0.35 = 2.22 \, eV$ の熱エネルギーを加える必要があることがわかる．これらは吸熱反応であるのに対して，$SiH_3 + H \to SiH_4$ の反応は発熱反応であって，$2.02 + 2.25 - 0.35 = 3.92 \, eV$ のエネルギーを放出する．

[2]　分子の非弾性衝突

X, Y を原子あるいは中性ラジカルとするとき，分子XYと電子eとの非弾性衝突過程は次の五つに大別できる．

- （ⅰ）励起　　　　　：$e + XY \to XY^* + e$ 　　　　　　　　$(\varepsilon \geq eV_E)$
- （ⅱ）中性解離　　　：$e + XY \to X + Y + e$ 　　　　　　　$(\varepsilon \geq eV_D)$
- （ⅲ）直接イオン化　：$e + XY \to XY^+ + 2e$ 　　　　　　　$(\varepsilon \geq eV_I)$
- （ⅳ）解離イオン化　：$e + XY \to X^+ + Y + 2e, \, X + Y^+ + 2e$
- （ⅴ）負イオン形成　：$e + XY \to XY^-$ 　　　　　　　　　（電子付着）
  　　　　　　　　　　　$X^- + Y$ 　　　　　　　　　　　　（解離付着）

一方，電子とイオンの再結合（$e + XY^+ \to XY, X + Y$）が起きる場合は，余ったエネルギーを光として放出したり（放射再結合），第三体の粒子に与える（三体再結合）．原子の励起は電子状態の変化だけであり，したがって上準位に励起された原子が下準位に落ちるときに出す発光は線スペクトルとなる．これに対して上記（ⅰ）の分子の励起の場合は，ある電子状態に対して多くの振動準位があり，さらに1個の振動準位に対して多くの回転準位があるので，電子状態間の遷

移に伴う分子スペクトルは，数多くのスペクトルが重なりあった帯スペクトルとなる．励起エネルギーeV_Eの典型的な値としては，電子励起の場合は約10eVであり，振動および回転準位への励起は，それぞれ約0.5eVおよび0.01eVである．

原子の電離と同様に，分子XYが直接電離してXY$^+$を生成するのが（iii）の過程であるが，このような電離がどのガスでも起こるとは限らない．例えばSiH$_4^+$やCF$_4^+$というイオンは不安定でありほかの粒子種に分解してしまうので，それらはプラズマ中に存在しない．プラズマの化学反応性を高めているのは，その中に多量に存在する中性ラジカルである．このラジカルは主として，（ii）の中性解離と（iv）の解離イオン化によって生成される．この電子衝突解離は基底状態から直接XとYに分かれるのではなく，次項で述べるように，一度"電子励起状態"に分子が励起され，そこから自発的にXとYに分解する．このようにして生じたラジカル種も親分子XYと同様に，上記（i）～（v）の反応を起こすので，プラズマ中ではいかに多くの複雑な反応が進行するか想像できるであろう．

一方，FやClなどのハロゲン原子を含むエッチングガスや酸素ガスを用いて放電すると，圧力が高く電子温度が低いほど，プラズマ中に負イオンが発生しやすいことが知られている．これらの特殊な原子は，電子親和力（その原子の負イオンから電子を引き離すに要する仕事）が$eV_A = 3 \sim 4$eVと大きな正の値をもっている．その大きさは原子間の結合解離エネルギーeV_Bを超えることもあり，上記の（v）の反応によって電子付着や解離付着が起こる．付録1に，代表的なガス分子の電離電圧V_I，結合解離エネルギーeV_B，解離電圧V_Dなどの例を示している．

[3] 分子のポテンシャル曲線

上述した分子の励起・解離過程をより深く理解するには，次に述べるポテンシャル曲線が便利である．無限に離れていた二つの原子XとYを，互いの核間距離がRになるまで近づけるのに要する仕事Uにより，位置Rにおけるポテンシャル$U(R)$と定義する．このポテンシャルは，分子のシュレーディンガー方程式を種々の近似のもとに解いて求めることができる．例えば，**図2・11**に示すように，各分子に固有ないくつかの曲線（**ポテンシャル曲線**という）が得られる．一般的な説明をするために図の中で原子X，Yという記号を用いているが，実際の数値としてはH$_2$分子（すなわちXもYもH原子）のポテンシャル曲線を示している．図の中の曲線Ⓐは，基底状態のXとYの間の距離Rに対するポテンシャルを示して

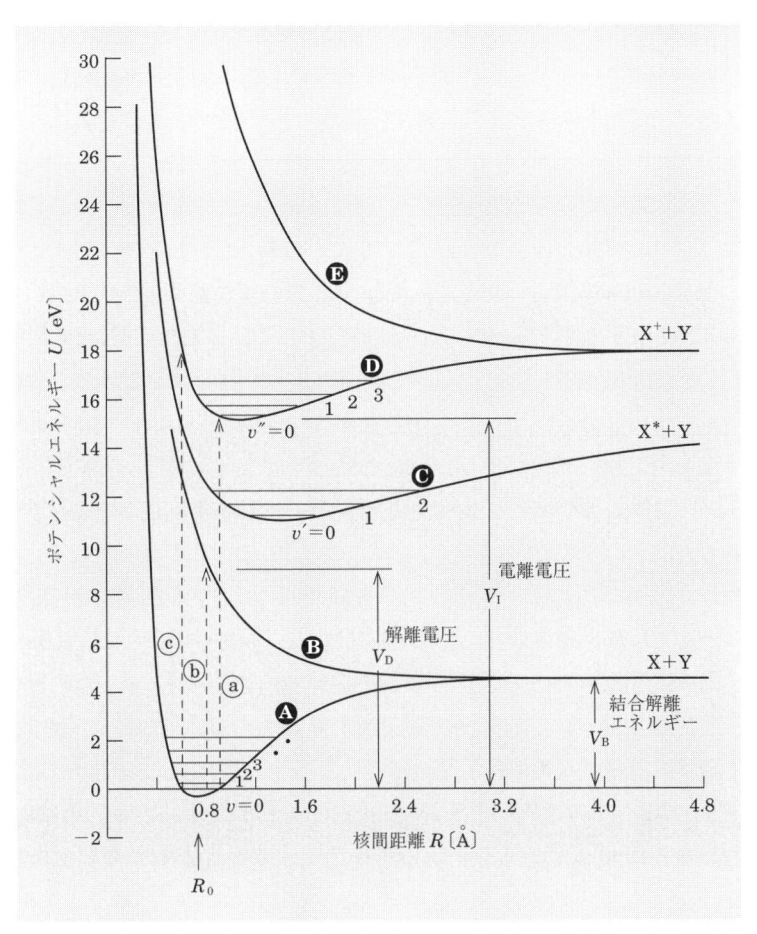

図2・11 分子のポテンシャル曲線とフランク・コンドンの原理. 縦, 横のスケールはH_2分子の場合の値. $1Å = 10^{-10}$ m

いる[注]. 横軸の$R = 0$に原子Xがあると考え, 原子Yを右側から曲線Ⓐに沿って近づけてRをしだいに小さくしてみよう. はじめは引力ポテンシャルに引かれて谷 ($R = R_0$) に近づき, それを超えてさらにYをXに近づけると, 強い斥力ポテンシャルによって跳ね返される. その結果, ポテンシャルの極小点の谷に原子Yがとらえられて振動することがわかる. すなわち, 谷の所でXとYは電子を共有し化学結合を起こして安定な分子XYを形成する. そのとき図2・10のようにXとYは温度に応じて振動するが, そのエネルギーは量子数$v = 0, 1, 2, \cdots$で示さ

(注) T. E. Sharp：AT. Data Nucl. Data Tables, **2** (1972) p. 119

れる不連続な値のみが許される.$R=R_0$のまわりに振動している分子XYに,外から十分な熱エネルギーを与えると振動の振幅が増大していき(振動励起という),ついには谷を飛び出してXとYに解離する($R\to\infty$).そのときの熱エネルギーが結合解離エネルギーeV_Bに相当する.一般に,ガス分子を数百℃以上に加熱するとラジカルに分解する.例えば,SiH_4は$700\sim1100$℃で($Si+2H_2$)に熱分解し,基板上にシリコン薄膜が堆積する.このような薄膜作成法を**熱CVD法**という.

一方,曲線ⓒは励起原子X^*と基底原子Yの間の核間距離を変えた例であり,極小点のまわりに励起状態の分子XY^*が形成される.また,曲線ⓓはイオンX^+と基底原子Yの間の距離Rに対するポテンシャルの変化を示している.この曲線は極小点をもつので分子イオンXY^+が存在するが,曲線ⓔのようにRとともに単調減少する形の斥力ポテンシャルしかもたない場合は,安定な分子イオンXY^+が存在しない.このことが,前に述べたSiH_4^+やCF_4^+がプラズマ中で観測されない理由である.

さて次に,基底状態の分子(曲線ⓐの谷底,$v=0$)に電子が衝突した場合を考えよう.電子は軽いので衝突しても重い原子核(X, Y)はほとんど動かず,むしろ原子内の電子にエネルギーを与えて電子状態が変化する(電子励起という).この電子励起は核のゆっくりした振動運動より非常に短い時間に完了するので,この電子遷移の前後で核の位置や速度は変化しないと考えることができる.これを**フランク・コンドンの原理**(Frank-Condon principle)という.この原理から,基底状態の核間距離R_0にある分子に電子が衝突するとき,R_0から引いた垂線と励起曲線(ⓑ,ⓒ,ⓓ,ⓔ)との交点のどこかに励起されることになる.例えば,電子衝突によって分子XYがラジカルXとYに解離する過程は,垂線ⓑに沿って曲線ⓑ上の$U=eV_D$の点にまず励起され,続いてこの斥力ポテンシャルの曲線に沿って右下のほうへ降りてきて$R\to\infty$となる(XとYに分かれる).この解離した状態のポテンシャルeV_Bは励起状態に比べて低く,余ったエネルギー$e(V_D-V_B)$は解離した原子X, Yの運動エネルギーとなる.

H_2分子の例をあげると,曲線ⓐに沿って熱的に解離するエネルギーは$eV_B=4.5\,eV$であるが,電子衝突によって$H_2\to H+H$と中性解離するにはそれより大きなエネルギー$eV_D=8.8\,eV$が必要であることがわかる.その差のエネルギーの半分を解離したH原子がそれぞれもらうので,$(8.8-4.5)/2=2.15\,eV$という高い運動エネルギーをもって解離することになる.同様にして,H_2が電子によって直接

イオン化されてH_2^+ができる過程は，垂線ⓐに沿って曲線Ⓓの谷の位置の$eV_1=15.4\,\mathrm{eV}$に励起されることによって起こる．また，H_2が解離イオン化されてH^+とHに分かれる過程は，垂線ⓒに沿って曲線Ⓓの谷の左側の高い斥力ポテンシャルの位置（$U>18.0\,\mathrm{eV}$）に励起され，そこから曲線に沿って落ちてきて谷を越えて$R\to\infty$となることに対応している．前述の熱CVD法ではガスを数百℃以上に加熱しないと分解しないが，プラズマを用いると室温程度でもガスを分解して薄膜をつくることができる（**プラズマCVD法**）．その機構は，分子がプラズマ内の高エネルギー電子と衝突して電子励起状態に上がり，その状態から自発的にラジカルに分解することによる．

演習問題

問1 $t=0$で初速度v_0の荷電粒子に電場Eをかけたとき，粒子の速度$v(t)$は
$$v(t)=v_0e^{-\nu t}+\frac{qE}{m\nu}(1-e^{-\nu t})$$
となることを，ランジュヴァン方程式(2·2)を解いて導け．

問2 メタンを大量の水素で希釈した放電によりダイヤモンド膜をつくることができる．この場合，次のパラメータを計算せよ．ただし，H_2とCH_4のガス圧はそれぞれ10 Paと0.1 Pa，分子半径はそれぞれ0.14 nmと0.21 nmである．また，ガス温度はともに400 K，電子温度は1 eVとする．
(1) 水素の分子密度n，分子間衝突の断面積σ_n，平均自由行程λ_n
(2) 電子がH_2と衝突する平均自由行程λ_e，衝突周波数ν_e
(3) H_2^+イオンがCH_4と衝突する断面積σ'，平均自由行程λ'

問3 xy平面内において，質量m_1の球1が速度v_1でx軸に対して角度θで走ってきて，原点に静止していた質量m_2の球2に衝突し，これをx軸方向にはじき飛ばす．衝突後の球2の速度をv_2'とすれば
$$v_2'=\frac{2m_1\cos\theta}{m_1+m_2}v_1$$
となることを示せ．

問4 磁場B_0の位置で速さ$v_0=\sqrt{v_{\parallel 0}^2+v_{\perp 0}^2}$（$v_{\parallel 0}$および$v_{\perp 0}$はそれぞれ$B_0$に平行および垂直な速度成分）をもつ荷電粒子が，磁場の強いほうに進むとき，ミラー効果で反射される位置の磁場B_mは，$B_m=B_0(v_0/v_{\perp 0})^2$と与えられることを示せ（ヒント：磁気モーメント$\mu$の保存と運動エネルギーの保存を用いる）．

問5 付録 (p.149) にある H_2 分子の電離電圧，励起電圧，解離電圧の値を，図2・11のポテンシャル曲線から説明せよ．

3章 プラズマをマクロに見よう

プラズマ内には無数といえるほど多くの粒子があり，それぞれが勝手にバラバラに動き回っているように見える．しかし，全体としてマクロ (macro；巨視的) に眺めてみると，そこには規則性があり，あたかも自己の意志があるかのようにふるまうことがわかる．ときには流体のように集団運動をしたり，正イオンと電子が強く相互作用しあって，プラズマ全体としての電気的中性を保つようにふるまう．このようなプラズマのマクロな性質を本章で学ぶ．

① 分布関数と平均量を定めよう[1)]

図3·1 (a) のように，放電プラズマ中には数えきれないほど多くの粒子が動き回り，互いに力をおよぼしあい，衝突を繰り返している．一つひとつの粒子はニュートンの運動方程式に従って動いているが，すべての粒子について時々刻々の解を同時に求めていくことは不可能である．そこで粒子を一つずつ区別して解くことはやめ，集団として見たときにその粒子群がある速度をもつ確率を考え，同図 (b) のように速度分布関数を導入する．さらに，これを用いて平均速度などの平均量を定義し，同図 (c) のようにプラズマを流体とみなして問題を解くことができる．

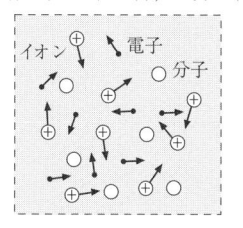

(a) 粒子1個1個を考える
粒子モデル
各粒子の位置 $r(t)$，速度 $w(t)$
イオン⊕ 電子 ○分子

(b) 分布関数を考える
運動論的モデル
速度分布関数 $f(r, w, t)$
分子 イオン 電子
0 速度 w

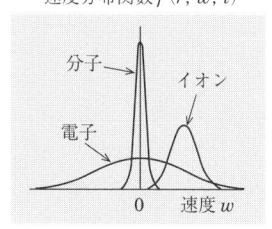

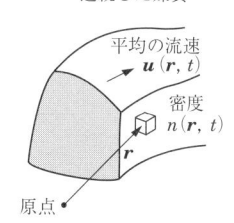

(c) 塗りつぶされた媒質とする流体モデル
連続した媒質
平均の流速 $u(r, t)$
密度 $n(r, t)$
原点

図 3·1 プラズマに対する三つの見方

[1] 速度分布関数

プラズマ中の粒子を電子，イオン，中性粒子（分子，ラジカル）の3種類の粒子群に分け，それぞれの速度分布関数を考えよう．その一つの種類の粒子に注目し，x方向の速さがw_xとw_x+dw_xの間にある粒子の数を$dn(w_x)=f(w_x)dw_x$と表すとき，$f(w_x)$を**速度分布関数**という．この分布関数を全速度領域で積分した値は，単位体積当たりの粒子の数，すなわち密度nになるので

$$n=\int_{-\infty}^{\infty}f(w_x)dw_x \qquad (3\cdot1)$$

この分布関数は，質量mの粒子が温度Tの熱平衡状態にあるとき，

$$f(w_x)=n\left(\frac{m}{2\pi\kappa T}\right)^{1/2}e^{-mw_x^2/2\kappa T} \qquad (3\cdot2)$$

と表される**マクスウェル分布**（Maxwell distribution）になることが理論的に示されている．ここで$\kappa=1.38\times10^{-23}$〔J/K〕はボルツマン定数である．この分布関数を用いてx方向の平均運動エネルギーを計算すると$\kappa T/2$となるので，平均熱運動速度は$\overline{v}=\sqrt{\kappa T/m}$と書ける．

いま，x, y, zの3次元で考えると，式(3・1)と同様の式がw_y, w_zについても成り立つので，粒子が同時に速さ(w_x, w_y, w_z)をもつ確率は$dn(w_x, w_y, w_z)=f(w_x)f(w_y)f(w_z)dw_xdw_ydw_z$と書ける．さらに，速度分布が$x, y, z$の方向によらない等方分布であるとき，速さ$v=\sqrt{w_x^2+w_y^2+w_z^2}$についての分布関数$F(v)$を定義できる．すなわち，$v$と$(v+dv)$の間にある粒子の数は$dn(v)=F(v)dv$と書かれ，$x, y, z$方向に同じ温度$T$をもつマクスウェル分布のとき，

$$F(v)=n\left(\frac{m}{2\pi\kappa T}\right)^{3/2}4\pi v^2 e^{-mv^2/2\kappa T} \qquad (3\cdot3)$$

と導かれる．これを用いると，粒子の熱速度の平均値，すなわち平均熱速度$\langle v\rangle$は

$$\langle v\rangle=\frac{1}{n}\int_0^{\infty}vF(v)dv=\sqrt{\frac{8\kappa T}{\pi m}} \qquad (3\cdot4)$$

となる．これは，v^2の平均値が$3\kappa T/m$となることから得られる平均熱速度$\sqrt{3\kappa T/m}$よりいくらか小さい．電子，イオン，中性粒子のそれぞれに対して電子温度T_e，イオン温度T_i，中性粒子温度T_nが与えられるとき，式(3・3)から各粒子種に対してマクスウェル分布$F_e(v), F_i(v), F_n(v)$が定まる．

さて，分布関数の形を見るために，式(3・2)の速度w_xを$w=w_x\sqrt{m/2\kappa T}$と規格化し，同様に式(3・3)の速さvを$w=v\sqrt{m/2\kappa T}$と規格化する．さらに，分布

関数を密度nで規格化して$f(w_x)dw_x = nf_1(w)dw$および$F(v)dv = nF_1(w)dw$の形に変形できる．このようにして規格化されたマクスウェル分布は

$$f_1(w) = \frac{1}{\sqrt{\pi}} e^{-w^2}, \qquad F_1(w) = \frac{4w^2}{\sqrt{\pi}} e^{-w^2} \qquad (3 \cdot 5)$$

と与えられる．式 (3·5) をグラフに表したものが**図3·2**である．現実の放電プラズマ中の電子分布関数は，外からパワーが注入されているため，特に低圧力では熱的に非平衡状態にあり，図のマクスウェル分布からずれていることが多い[注]．

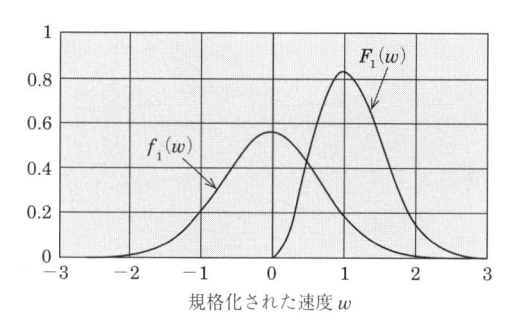

図3·2 マクスウェルの速度分布

さて，マクスウェル分布をしてランダムな熱運動を行っている粒子群について，単位面積の平面を単位時間に横切る粒子の数，すなわち**フラックス**（粒子束）Γ_0を計算してみよう．この面に垂直にx軸をとり，xの負の方向から正の方向に通過する粒子の数を計算すると，式 (3·2) と公式 $\int_0^\infty xe^{-ax^2}dx = 1/2a$ を用いて

$$\Gamma_0 = \int_0^\infty w_x f(w_x) dw_x = \frac{1}{4} n\langle v \rangle \qquad (3 \cdot 6)$$

というきれいな形にまとめられる．このようにΓ_0がフラックス$n\langle v\rangle$の1/4になるのは，$\langle v\rangle$が3次元で考えた値であるのに対して，w_xの正の向きのみを考えたので1/2になり，面に平行なw_y, w_zは面を通過する個数に寄与しないので，さらに1/2になるためである．

[2] 平均化と流体モデル

上記のように定義した電子，イオン，中性粒子の3種類に関する分布関数を用

[注] 直流電場中で電子が弾性衝突を行うとしてボルツマン方程式 (3·12) の定常解を求めると，マクスウェル分布より強く減衰する形 ($f \propto e^{-w^4}$) のドリュベスティン (Druyvesteyn) 分布が得られる．

いて，それぞれの平均的な物理量（マクロに見た平均量）を次に求めてみよう．簡単のためにx方向の1次元で考え，位置x，時間tにおいて速さw_xをもつ確率として，分布関数を$f(x, w_x, t)$と書くことにしよう．このとき，単位体積当たりの粒子の密度と平均速度（流速）は

$$\text{密度}：n(x, t) = \int_{-\infty}^{\infty} f(x, w_x, t)\,dw_x \tag{3・7}$$

$$\text{流速}：u_x(x, t) = \frac{1}{n(x, t)} \int_{-\infty}^{\infty} w_x f(x, w_x, t)\,dw_x \tag{3・8}$$

と与えられる．この流速は，ランダムな熱運動速度を平均化した後に残る粒子全体としてのドリフト速度を表している．例えば，図3・2のマクスウェル分布f_1は左右対称であるから流速はゼロであり，図3・1 (b) のイオンは平均的な流れをもっている．3次元の場合は位置xを$\boldsymbol{r} = (x, y, z)$，速さ$w_x$を$\boldsymbol{w} = (w_x, w_y, w_z)$とベクトルで表示して，分布関数$f(\boldsymbol{r}, \boldsymbol{w}, t)$を$w_x, w_y, w_z$について積分することにより求められる．例えば式 (3・8) の流速は

$$\boldsymbol{u}(\boldsymbol{r}, t) = \frac{1}{n(\boldsymbol{r}, t)} \iiint \boldsymbol{w} f(\boldsymbol{r}, \boldsymbol{w}, t)\,dw_x dw_y dw_z \tag{3・9}$$

と与えられる．

　上記のように，流速は時間tと位置$\boldsymbol{r}$の二つの変数で与えられる．粒子の場合は，時間を指定するとそのときの粒子の位置と速度が一義的に決まってしまう．これに対して，式 (3・9) によれば，同じ時刻にいろいろな位置の速度が与えられることになる．このことは，図3・1 (c) のようにプラズマを流体のような連続した媒質と考えていることを意味する．そのため，この取扱いを流体モデル（fluid model）と呼ぶ．一方，平均化せずに速度分布関数をそのまま扱う理論体系を運動論的モデル（kinetic model）という（図3・1参照）．

② プラズマの基礎方程式を導く[2]

　2章で述べた式 (2・2) と式 (2・18) からわかるように，質量m，電荷q，速度$\boldsymbol{w}$の単一粒子は電場$\boldsymbol{E}$，磁束密度$\boldsymbol{B}$の中を運動方程式

$$m\frac{d\boldsymbol{w}}{dt} = q(\boldsymbol{E} + \boldsymbol{w} \times \boldsymbol{B}) - m\nu\boldsymbol{w} \tag{3・10}$$

に従って運動する．ただし，電子の場合は$q=-e$，正イオンの場合は$q=e$である．単位体積中のn個の粒子について総和をとるために，まず，式 (3·10) の両辺にnをかけ，次に$\boldsymbol{w}$の平均値として流速$\boldsymbol{u}$を代入すれば，流体の運動方程式は

$$nm\frac{d\boldsymbol{u}}{dt}=nq(\boldsymbol{E}+\boldsymbol{u}\times\boldsymbol{B})-nm\nu\boldsymbol{u} \qquad (3\cdot11)$$

のような形になると予想される．この直感はある程度当たっているが，正確には次の速度分布関数 f に対する**ボルツマン方程式**（Boltzmann's equation）に基づいて考えなければならない．

$$\frac{\partial f}{\partial t}+\boldsymbol{w}\cdot\frac{\partial f}{\partial \boldsymbol{r}}+\frac{q}{m}(\boldsymbol{E}+\boldsymbol{w}\times\boldsymbol{B})\cdot\frac{\partial f}{\partial \boldsymbol{w}}=\left(\frac{\partial f}{\partial t}\right)_{\text{coll}} \qquad (3\cdot12)$$

この方程式の右辺は，ほかの粒子種との衝突による分布関数の時間変化を表している．

式 (3·12) の両辺を速度空間 (w_x, w_y, w_z) について積分すると，次の**連続の式**（粒子数保存則）が得られる．

$$\text{連続の式}: \frac{\partial n}{\partial t}+\nabla\cdot(n\boldsymbol{u})=g-l \qquad (3\cdot13)$$

ここに，右辺の g, l は，それぞれ電離，再結合により粒子が毎秒単位体積当たりに発生，消滅する割合を表す．次に，式 (3·12) の両辺に $\boldsymbol{w}$ をかけてから速度空間で積分すると，次の**運動の式**（運動量保存則）が導かれる．

$$\text{運動の式}: nm\frac{d\boldsymbol{u}}{dt}=nq(\boldsymbol{E}+\boldsymbol{u}\times\boldsymbol{B})-\nabla p-nm\nu\boldsymbol{u} \qquad (3\cdot14)$$

ここに，p は圧力であり，等温変化のとき $p=n\kappa T$，断熱変化のとき $pn^{-\gamma}=$一定（γ は定圧比熱と定積比熱の比）に従う．式 (3·14) の右辺の最後の項は，衝突周波数 ν でほかの粒子種と衝突するとき毎秒失う運動量を表している．式 (3·11) を式 (3·14) と比較すれば，直感的に予想した前式では圧力の項が欠けていたことがわかる．また，左辺の全微分は $d\boldsymbol{u}/dt=\partial \boldsymbol{u}/\partial t+(\boldsymbol{u}\cdot\nabla)\boldsymbol{u}$ と書き替えられる．式 (3·14) は中性粒子（$q=0$）の場合に，粘性のない理想流体に対する**オイラーの方程式**（Euler's equation）になる．

さて，式 (3·13), (3·14) は電子とイオンのそれぞれに対して成り立ち，プラズマが電子流体とイオン流体の二つから構成されると考えるので，二流体モデルと呼ばれる（弱電離プラズマでは中性粒子の流体も考えるので三流体となる）．プラズマ中では，例えば 1m^3 当たり 10^{16} 個の荷電粒子と 10^{21} 個の中性粒子が動き

回っている．その粒子の数だけの運動方程式を解く必要はなく，ただ1組の流体方程式を解くだけですむので，流体モデルは便利である．しかし，その適用限界に注意しなければならない．まず，分布関数を与えないと平均量〔例えば式(3・13)のg, l〕を与えられないので，通常はマクスウェル分布を仮定してそれを求める．ところが，実際の分布関数はマクスウェル分布からずれていることが多い．また，ガス分子の流れについても，衝突が多く平均自由行程λが短いときにはよい近似であるが，クヌッセン (Knudsen) 数$K_n (= \lambda/L)$が0.1を超えると流体モデルが使えない．ここで，Lはプラズマ容器の寸法である．なお，運動の式(3・14)は$\boldsymbol{E}$と$\boldsymbol{B}$を含んでおり，それらの値は一般にプラズマの電流や空間電荷によって変わる．したがって，プラズマ現象を解析するにはマクスウェル方程式 (Maxwell's equations) と連立させて，矛盾がないように解かなければならない．

③ 電気的中性を保つプラズマ

プラズマ中には，正電荷をもつイオンと負電荷をもつ電子が高い密度で存在して動き回っている．イオンと電子は電離によって正と負の電荷のペアとして同じ数ずつ生まれ，後述のようにそれらが消失する割合も等しい．したがって，プラズマ容器内の正電荷量と負電荷量はほぼ等しく，全体として電気的に中和している．また，イオンと電子はクーロン力で互いに強く引きあうので，水と油のように容器内で分かれて存在することはなく互いに混ざりあっており，かなり小さい領域まで分割していってもその中に含まれる正・負の電荷量はほぼ等しい．すなわち，**電気的中性**を保っており，電子密度n_eとイオン密度n_iに対して

$$n_e \fallingdotseq n_i \quad \text{(電気的中性)} \tag{3・15}$$

が成り立ち，空間電荷密度が0に近い．この性質は，静電場のもとでは内部電荷が0になり表面電荷だけが残るという金属導体の性質と似ている（金属は自由電子と格子のイオンからなる固体プラズマとみなせる）．このような電気的中性を破ることはむずかしく，このことがプラズマの制御を困難にしている一因とも言える．

[1] デバイ遮へい

金属導体に電荷を近づけると静電誘導と呼ばれる現象が起こり，金属内部の電

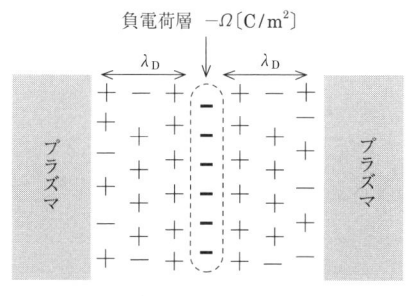

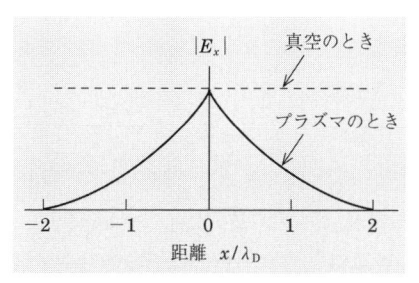

図 3・3 デバイ遮へいの説明．負電荷があるとそのまわりに正イオンが集まり，シールドしてしまう．

場をゼロにするように自由電子が動いて金属表面に電荷が分布する．プラズマにもこのような性質があり，外部電場を遮へいするように電子が動く．例えば**図 3・3**のように，プラズマ中の平面 ($x=0$) 上に負電荷を面密度$-\Omega$〔C/m^2；C＝クーロン〕で分布させたとする（具体的には薄い金属板に負電圧をかける）．プラズマがない真空中（誘電率ε_0）では，電磁気学で学んだように，x軸に平行で一様な電場$E_x=\Omega/2\varepsilon_0$が生じる．しかし，密度$n_0$，電子温度$T_e$のプラズマがある場合は，負荷電層によって電子が反発されるため，$x=0$の近傍は正電荷（イオン）が過剰になる．イオンの密度は一様で$n_i=n_0$とし，電子密度の変化分を$n_1(x)$とすれば，$n_e(x)=n_0+n_1(x)$と書ける．マクスウェル方程式から電束密度（$\varepsilon_0 E_x$）の発散が空間電荷密度（$-en_1$）を与えるので

$$\varepsilon_0 \frac{\partial E_x}{\partial x} = -en_1 \tag{3・16}$$

一方，式 (3・14) の運動の式において$p_e=n_e \kappa T_e$，$\partial n_e/\partial x = \partial n_1/\partial x$であるから，定常状態（$du_x/dt=0$）の電子の運動の式は，$\nu=0$で$n_1 \ll n_0$とするとき

$$0 = -en_0 E_x - \kappa T_e \frac{\partial n_1}{\partial x} \tag{3・17}$$

となり，電場による力と圧力が釣り合う．式 (3・16) と式 (3・17) からn_1を消去すると，電場E_xに関する微分方程式

$$\frac{\partial^2 E_x}{\partial x^2} = \left(\frac{n_0 e^2}{\varepsilon_0 \kappa T_e} \right) E_x \tag{3・18}$$

が得られる．この方程式は，図3・3に示すような指数関数的に減衰する解をもち，$x=0$で$E_x=\Omega/2\varepsilon_0$という境界条件を与えると

$$|E_x| = \left(\frac{\Omega}{2\varepsilon_0}\right) e^{-|x|/\lambda_D} \qquad (3\cdot19)$$

が得られる．ただし，λ_D はプラズマ密度 n_0 と電子温度 T_e で決まる長さで

$$\lambda_D = \sqrt{\frac{\varepsilon_0 \kappa T_e}{n_0 e^2}} \quad ; \quad \lambda_D [\text{m}] = 7.43 \times 10^3 \sqrt{\frac{T_e [\text{eV}]}{n_0 [\text{m}^{-3}]}} \qquad (3\cdot20)$$

であり，**デバイ長** (Debye length) と呼ばれる．このように，プラズマは外部電場を λ_D 程度の距離でシールドする性質がある．これを**デバイ遮へい**と呼び，プラズマの重要な性質の一つである．

これまでの議論において，荷電粒子間の平均距離（$\doteqdot n_0^{-1/3}$）は λ_D より十分短く，プラズマの寸法 L は λ_D よりはるかに大きいことを暗に仮定してきた．逆に言えば，プラズマが集団的にふるまって電気的中性を保つための条件は

$$L \gg \lambda_D \gg n_0^{-1/3} \qquad (3\cdot21)$$

ということになり，これがプラズマの定義にもなる．上式の右の不等式は $n_0 \lambda_D^3 \gg 1$ と同じである．λ_D を半径とする球（デバイ球という）の中に含まれる電子（イオン）の数 N_D は，$N_D = n_0 (4\pi/3) \lambda_D^3$ であるから，式 (3・21) の条件は，デバイ球内に多くの粒子を含むこと（$N_D \gg 1$）と等価である．イオンが静止しているとすれば，一つひとつの正電荷がつくる電場は，熱運動している電子によってシールドされ，結局その力は λ_D の距離までしか届かない．点電荷 e から r の距離における電位は $\phi = e/4\pi\varepsilon_0 r$ であるから，$r = \lambda_D$ とおけばクーロンポテンシャルの平均エネルギーは $e\phi \doteqdot e^2/4\pi\varepsilon_0 \lambda_D$ となる．これを電子の平均熱運動エネルギー κT_e と比較すると，式 (3・20) を用いて T_e を消去すれば

$$\kappa T_e / e\phi = 4\pi n_0 \lambda_D^3 \doteqdot N_D \qquad (3\cdot22)$$

この式から，プラズマが集団的にふるまって電気的中性を保つ条件，すなわち $N_D \gg 1$ は，平均熱運動エネルギーが平均ポテンシャルエネルギーよりずっと大きいことを意味している（このような条件を満たさないプラズマは，非理想プラズマまたは非中性プラズマと呼ばれる）．

[2] プラズマ振動

プラズマ内のどこかで瞬間的に，正または負の空間電荷が局所的に現れると，この電荷は振動をはじめる．例えば，**図 3・4** に示すように，密度 n_0 の一様なプラズマ内の領域 ABCD に含まれる電子全体を，右方向に微小距離 x だけ平行移動さ

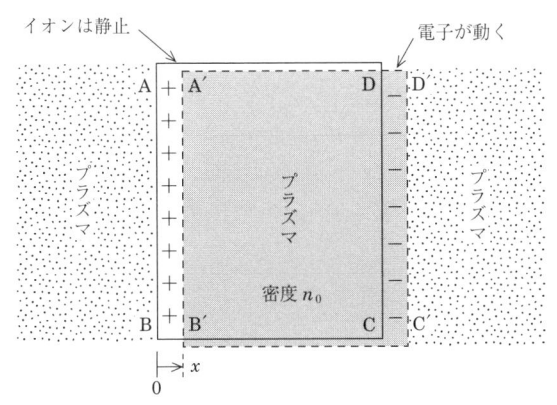

図3・4 プラズマ振動の説明．電子群が右にシフトすると両端に正負の電荷が現れて，電子を左に引き戻す電場ができて振動する．

せ，領域 A′B′C′D′ に動かした場合を考える．イオンは静止しているとすれば，領域 ABB′A′ には電子がなくなるので正電荷 en_0x [C/m^2] が現れ，反対側は電子が過剰となって等量の負電荷が現れる．x が十分小さく表面電荷とみなせるとき，これがつくる電場 E は，平行板コンデンサの計算にならって $E = en_0x/\varepsilon_0$ と与えられる．この2枚の表面電荷層に挟まれた領域の電子には $-eE$ の力が働くので加速度は

$$\frac{d^2x}{dt^2} = -\frac{eE}{m_e} = -\left(\frac{e^2 n_0}{\varepsilon_0 m_e}\right)x \tag{3・23}$$

この方程式は $x = x_0 \sin \omega_p t$ の形の単振動の解をもち，その角周波数 ω_p は

$$\omega_p = \sqrt{\frac{e^2 n_0}{\varepsilon_0 m_e}} \quad ; \quad \frac{\omega_p}{2\pi} [\text{Hz}] = 8.98\sqrt{n_0 [\text{m}^{-3}]} \tag{3・24}$$

となり，**電子プラズマ周波数**[注1] または単に**プラズマ周波数**と呼ばれる．その値はプラズマ密度で決まり，例えば $n_0 = 10^{16}$ m^{-3} のとき $\omega_p/2\pi \simeq 1$ GHz となる．

この**プラズマ振動**[注2] は次のような機構で発生する．図3・4の右にシフトした状態から電子群が電場によって左向きに加速され，電子の慣性のために AB を通過して行きすぎるとそこに負電荷が現れ，電場の向きが逆転する．すなわちバネ

(注1) 厳密には ω_p を電子プラズマ角周波数，$\omega_p/2\pi$ を電子プラズマ周波数と区別する．また，後述のイオンプラズマ周波数と区別するために ω_p を ω_{pe} と書くこともある．

(注2) プラズマに電子ビームを入射してプラズマ振動を励起し，電子密度を測定することができる［T. Shirakawa and H. Sugai: Jpn. J. Appl. Phys., **32** (1993), p.5129］．

の単振動と同様に，電場による復元力と電子の慣性によって空間電荷の単振動が発生する．プラズマ振動は，プラズマ中の粒子群が相互作用を行って組織的に運動を行う**集団運動**の一例であり，電子が応答できる最大周波数の目安となる．なお，式 (3·24) の m_e にイオンの質量 m_i を代入して得られる値を**イオンプラズマ周波数**（ω_{pi} と記す）と呼び，イオンが集団的に応答できる最大の速さを表す．例えば，密度が $10^{16} \mathrm{m}^{-3}$ のアルゴンプラズマのとき $\omega_{pi}/2\pi = 3.3\,\mathrm{MHz}$ であり，13.56 MHz の高周波放電（6章参照）のときイオンはその周波数についていけず，平均的な直流電場にしたがって動く．

④ プラズマの分布と流れ

[1] 電場と圧力による流れ

荷電粒子は電場によって加速され速さを増すが，ほかの粒子との衝突を繰り返して運動量を失うので，平均的に見てある一定の速さで流れていく．これを電界ドリフトという（2·1 節 [1] 参照）．一方，空間内に圧力（$p = n\kappa T$）の差があると，圧力の高いほうから低いほうへ向かう拡散の流れが生じる．温度 T は一様である場合が多いので圧力勾配は $\nabla p = \kappa T \nabla n$ と近似でき，密度の高い所から低い所へ粒子の拡散が起こる．

簡単のために，無磁場（$\boldsymbol{B} = 0$）の定常状態（$d\boldsymbol{u}/dt = 0$）において，x 方向に電場 E と密度勾配がある場合を考える．運動の式 (3·14) において，電荷を $q = \pm e$（上符号：正イオン，下符号：電子），流速を u とすると

$$\pm neE - \kappa T \frac{\partial n}{\partial x} - nm\nu u = 0 \tag{3·25}$$

が成り立つ．ここに質量，温度などはイオン，電子それぞれの値を用いている．これよりフラックス nu は

$$nu = \pm n\left(\frac{e}{m\nu}\right)E - \left(\frac{\kappa T}{m\nu}\right)\frac{\partial n}{\partial x} \tag{3·26}$$

となる．この式の右辺の第1項と第2項は，それぞれ

電場によるフラックス：$\varGamma_E = n\mu E$ (3·27)

拡散によるフラックス：$\varGamma_D = -D\dfrac{\partial n}{\partial x}$ (3·28)

を表している．ただし，上の各式の右辺の比例係数は

移動度： $\mu = \dfrac{e}{m\nu}$ (3・29)

拡散係数[注]： $D = \dfrac{\kappa T}{m\nu}$ (3・30)

である．さらに両者の比をとると

$$\dfrac{D}{\mu} = \dfrac{\kappa T}{e} \qquad (3・31)$$

が得られ，これをアインシュタインの関係式（Einstein relation）という．このようにして電子，イオン，中性粒子の移動度，拡散係数は，それぞれの質量，温度などを用いて $\mu_j = e/m_j\nu_j$, $D_j = \kappa T_j/m_j\nu_j$ （$j = $ e, i, n）と与えられる．

さて，式(3·26)のフラックスに電荷 e をかければ電流となることから，電場 E がなくても圧力勾配があれば電流が発生することがわかる．また，E で駆動される電流は，電子電流とイオン電流の和で与えられ，プラズマを流れる全電流 J は電子とイオンの移動度 μ_e, μ_i を用いて

$$J = -en_e\mu_e E + en_i\mu_i E \qquad (3・32)$$

となる．電気的中性から $n_e \simeq n_i \equiv n_0$ であって，電子はイオンより軽くて動きやすいので（$\mu_e \gg \mu_i$），プラズマ電流のほとんどは電子が運ぶ．したがって，$J \simeq -en_0(e/m_e\nu_e)E = -\sigma E$ となり，**プラズマの導電率**（電気伝導率）σ は

$$\sigma = \dfrac{e^2 n_0}{m_e \nu_e} \qquad (3・33)$$

と与えられる．ここに ν_e は，式(2·26)の ν_{en} と式(2·27)の ν_{ei} の和である．

次に式(3·25)において電子の場合を考えると，衝突が少なくて $\nu_e = 0$ とおける場合や流速 $u_e = 0$ の場合には左辺第3項が無視でき，圧力勾配と電場による力の釣り合いを表す，$\kappa T_e \partial n/\partial x = -enE$ を得る．電位 ϕ を用いると $E = -\partial\phi/\partial x$ であるから

$$\dfrac{1}{n}\dfrac{\partial n}{\partial x} = \dfrac{e}{\kappa T_e}\dfrac{\partial \phi}{\partial x} \qquad (3・34)$$

が成り立つ．これを x で積分すると $\ln n = e\phi/\kappa T_e + $ (定数) であり，$x = 0$ のとき $n = n_0$, $\phi = 0$ とすれば

（注）平均自由行程 $\lambda(=v_T/\nu)$ を用いて式(3·30)を書き替えると，平均熱速度として $v_T = (3\kappa T/m)^{1/2}$ を用いると $D = (1/3)\lambda^2\nu$ となり，$v_T = (8\kappa T/\pi m)^{1/2}$ を用いると $D = (\pi/8)\lambda^2\nu$ となる．いずれにしても，D は $(\Delta x)^2/\tau$ の形になり，いわゆるランダムウォークのステップ長 Δx と時間 $\tau(=1/\nu)$ で表されることがわかる．

$$n = n_0 e^{e\phi/\kappa T_e} \qquad (3\cdot 35)$$

が得られる．この式は，熱平衡状態における電子の密度分布と電位の関係を表しており，**ボルツマンの関係**（Boltzmann relation）と呼ばれる．この式から，電位が低くなるほど（$\phi < 0$）電子は反発されるので密度が指数関数的に減少することがわかる．電子と同様にイオンについて計算すると，式（3·39）のϕを$-\phi$と置き換えた式が得られる．しかし，低圧力プラズマではイオンは熱平衡状態にならず，流速$v_i \neq 0$であるのでイオンに対するボルツマンの関係は成り立たない．

[2] 両極性拡散

電子とイオンの拡散フラックスは，式（3·28）によりそれぞれの拡散係数D_e，D_iに比例する．式（3·30）と$\nu = \langle v \rangle / \lambda$，$\langle v \rangle = (8\kappa T/\pi m)^{1/2}$を用いて電子とイオンの拡散係数の比を求めると，

$$\frac{D_e}{D_i} \equiv \sqrt{\frac{m_i T_e}{m_e T_i}} \cdot \frac{\lambda_e}{\lambda_i} \qquad (3\cdot 36)$$

となり，$m_i/m_e > 2 \times 10^3$，$T_e/T_i \sim 10$，$\lambda_e/\lambda_i \sim 4\sqrt{2}$であるから，通常$D_e$は$D_i$より極めて大きい．その結果，例えば円筒容器内にプラズマをつくる場合を考えると，イオンよりはるかに速く電子が拡散して容器壁に到達し，壁は負に帯電する．このとき，イオンはほとんど動かないのでプラズマ内部には等量の正の空間電荷が発生する．すなわち，荷電分離が起こり，この正・負電荷の対がつくる半径方向の電場Eは壁のほうを向き，電子の拡散損失を抑える向きにフラックス$\Gamma_E = -n\mu_e E$を生じる．一方，**図3·5**の上に示すように，その電場がつくるイオンのフラックスΓ_Eは壁への流れを促進する向きにできる．このように電場が作用して最終的に，プラズマから壁へ向かって毎秒流出する電子のフラックスΓ_eとイオンのフラックスΓ_iは等しくなり，プラズマの電気的中性（$n_e \fallingdotseq n_i$）が保たれる．逆にいえば，電子とイオンはそれぞれ勝手に自由拡散することはできず，荷電分離による電場をつくりながら等量ずつプラズマから消失する．これを**両極性拡散**（ambipolar diffusion）という．

一例として，上で述べた両極性拡散が無限に長い円筒プラズマにおいてどのように起こるか，式を使って調べてみよう．まず，プラズマの電気的中性から密度を$n_i = n_e \equiv n$とおき，両極性拡散から半径方向のイオンのフラックスΓ_iと電子のフラックスΓ_eは等しく（$nu_i = nu_e$），結局，半径方向の速度が等しくなるので

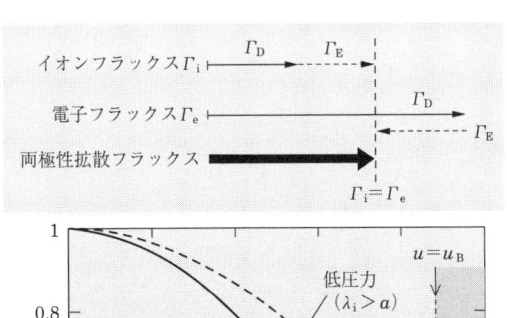

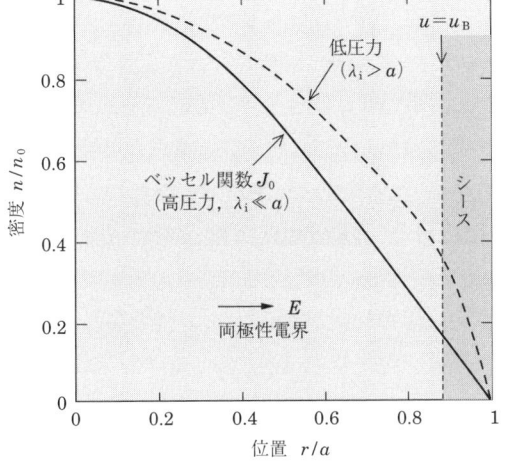

図3・5 電子のほうがイオンより速く拡散するので，これを抑えるように両極性電界が発生して，結局，電子とイオンは同じレートで失われる．

$u_i = u_e \equiv u$ とおく．半径方向の電場をEとすれば式 (3・26)～(3・30) から，イオンと電子のフラックスnuは次のように書ける．

イオンのフラックス Γ_i：$nu = n\mu_i E - D_i \dfrac{\partial n}{\partial r}$ (3・37)

電子のフラックス Γ_e：$nu = -n\mu_e E - D_e \dfrac{\partial n}{\partial r}$ (3・38)

この二つの式から電場Eを消去してフラックスを求めると

両極性拡散フラックス$(\Gamma_i = \Gamma_e)$：$nu = -D_a \dfrac{\partial n}{\partial r}$ (3・39)

の形にまとめることができて，ここに現れる係数

$$D_a = \frac{\mu_i D_e + \mu_e D_i}{\mu_i + \mu_e}$$ (3・40)

を**両極性拡散係数**と呼ぶ．通常$\mu_e \gg \mu_i$，$T_e > T_i$であるので$D_a \fallingdotseq \mu_i(\kappa T_e/e)$と近似できて$D_i \ll D_a \ll D_e$である（演習問題 問2）．式 (3・39) は見かけ上，電場がないときの拡散の形にまとめてあり，イオンも電子も同じ割合で失われることを示し

ている．一方，式 (3・37), (3・38) から密度勾配 $\partial n/\partial r$ を消去すると，電場（両極性電界という）E は以下のようになる．

$$E = \frac{D_\mathrm{i} - D_\mathrm{e}}{\mu_\mathrm{i} + \mu_\mathrm{e}} \frac{1}{n} \frac{\partial n}{\partial r} \qquad (3・41)$$

最後に，プラズマの流れや密度分布に対する定常磁場の効果について少しだけ触れる．ローレンツ力は磁力線方向には働かないので，電子やイオンの磁場方向の拡散係数 $D_{/\!/}$ は無磁場のときの式 (3・30) の値と変わらない．しかし，ローレンツ力の効果で荷電粒子は磁力線に巻きつくようになるため，磁場に垂直な拡散係数 $D_\perp$ は小さくなり，磁場が強いとき $D_\perp \sim D_{/\!/} (\omega_\mathrm{c}/\nu)^2$ となる（演習問題 問3）．ここに $\omega_\mathrm{c}/\nu \gg 1$ であり，ω_c は2章の式 (2・10) で定義されている．

[3] プラズマの密度分布

ここで円筒プラズマの半径方向の密度分布 $n(r)$ を求めてみよう．すでに述べたように電子とイオンは両極性拡散に従い，半径方向のフラックス nu は式 (3・39) で与えられる．一方，定常状態 ($\partial n/\partial t = 0$) で軸対称の場合に，連続の式 (3・13) の $\nabla \cdot (n\mathbf{u})$ を円筒座標で表すと次式を得る．

$$\frac{1}{r} \frac{\partial}{\partial r}(rnu) = \nu_\mathrm{I} n \qquad (3・42)$$

ただし，気相における電離生成率を $g = \nu_\mathrm{I} n$（ν_I：電離周波数）とし，再結合損失については $l=0$ としている．両極性拡散のフラックスの式 (3・39) を用いて，式 (3・42) から速度 u を消去すると次の拡散方程式が得られる[注]．

$$\frac{\partial^2 n}{\partial r^2} + \frac{1}{r} \frac{\partial n}{\partial r} + \frac{\nu_\mathrm{I}}{D_\mathrm{a}} n = 0 \qquad (3・43)$$

これはベッセル（Bessel）の微分方程式の形をしており，$r=0$ で有限値 n_0 をとる解は

$$n = n_0 J_0(\sqrt{\nu_\mathrm{I}/D_\mathrm{a}}\, r) \qquad (3・44)$$

となる．ここに，$J_0(x)$ は零次のベッセル関数である．管壁 $r=a$ で $n=0$ という境界条件を用いると，$J_0(x) = 0$ となる最小の根は $x = 2.41$ であるから

$$\sqrt{\nu_\mathrm{I}/D_\mathrm{a}}\, a = 2.41 \qquad (3・45)$$

（注）時間変化も考慮した一般的な拡散方程式は，連続の式にフラックス $n\mathbf{u} = -D_\mathrm{a} \nabla n$ を代入して
$$\partial n/\partial t = D_\mathrm{a} \nabla^2 n + \nu_\mathrm{I} n$$
となる．また，半径 a を拡散する時間を τ とすれば $|D_\mathrm{a} \nabla^2 n| \fallingdotseq D_\mathrm{a}(2.41/a)^2 n_0 \equiv n_0/\tau$ より，$\tau = (a/2.41)^2/D_\mathrm{a}$

したがって，半径方向のプラズマの密度分布は $n(r) = n_0 J_0(2.41r/a)$ と与えられ，図3·5の実線はこの分布の形を表している（破線については3·6節[3]で説明する）．

また，半径方向の電場に注目すると，$D_e \gg D_i$，$\mu_e \gg \mu_i$，$D_e/\mu_e = \kappa T_e/e$ を用いて式 (3·41) の両極性電界を書き替えると

$$E = -\frac{\kappa T_e}{e} \frac{1}{n} \frac{\partial n}{\partial r} \tag{3·46}$$

一方，$E = -\partial \phi/\partial r$ であるから，上式を半径 r で積分してプラズマ中の電位 $\phi(r)$ を求めると，$r = 0$ で $\phi = 0$，$n = n_0$ とおいて

$$\phi(r) = \frac{\kappa T_e}{e} \ln \frac{n}{n_0} \tag{3·47}$$

と表せる．この式から，密度 $n = n_0 e^{e\phi/\kappa T_e}$ となり，前に出したボルツマンの関係式 (3·35) と同じであることがわかる．また，管壁に近付くと $(r \to a)$ $n \to 0$ となるので，式 (3·47) の電位は発散する $(\phi \to -\infty)$．さらに，壁へのフラックス nu は連続で一定でなければならないので，$n \to 0$ のとき速度 $u \to \infty$ となってしまう．これらの矛盾は，壁近傍ではプラズマの電気的中性 $(n_e \fallingdotseq n_i)$ が成り立たなくなり，シースが形成されるために起こることが3·5節で明らかになる．

[4] 中性粒子の流れ

これまでは主として荷電粒子（電子，イオン）の挙動について述べてきた．しかし，プラズマプロセスにおいては，中性粒子（電荷をもたない分子やラジカル）も重要な働きをするので，この項では中性粒子のふるまいを調べることにする．図 **3·6** のように，体積 $V[l]$，表面積 $A[\mathrm{m}^2]$ の容器に，放電用の原料ガスを流量 Q $[\mathrm{Torr} \cdot l/\mathrm{s}]^{(注)}$ で流し，排気速度 $S[l/\mathrm{s}]$ のポンプで排気している場合を考える．このとき，容器内の圧力 p について，真空工学の分野でよく知られた次の式が成り立つ．

$$V \frac{dp}{dt} = Q - pS \tag{3·48}$$

この式は，連続の式 (3·13) の右辺を0とおいて放電容器内を体積積分して導くことができる（演習問題 問4）．上式から定常状態 $(dp/dt = 0)$ の圧力 p_0 は，

(注) $Q = 1\,\mathrm{Torr} \cdot l/\mathrm{s}$ は，1Torrの圧力の1lの容積中に含まれる分子（0°Cのとき 3.29×10^{19} 個）が1秒間に流れることを表す．ガス流量の単位としてはsccm (standard cm³/min) もよく用いられ，標準状態（0°C，1気圧）に換算して1分間に流れる量を示す．1Torr·l/s = 79.0 sccm．

(a) 中性粒子の流れ

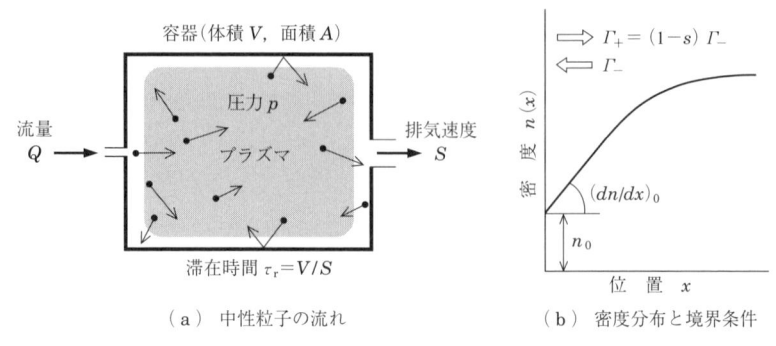

(b) 密度分布と境界条件

図 3・6　中性粒子のふるまい

$p_0 = Q/S$ 〔Torr〕となる．この状態で急にガスの供給を止めて（$Q=0$）排気を続けたとき，式 (3・48) から圧力の減少率は

$$\frac{dp}{dt} = -\left(\frac{S}{V}\right)p \tag{3・49}$$

となる．これを解くと指数関数的に減衰する解 $p(t) = p_0 e^{-t/\tau_r}$ が得られ，排気するまでに要する時間の目安として

$$\tau_r = V/S \tag{3・50}$$

が得られる．この τ_r は，原料ガスが容器に入ってから出てくるまでの時間スケールを示し，**滞在時間**（または滞留時間，residence time）と呼ばれる．

放電がスタートすると原料ガス分子（親分子）は電子衝突によって解離され，種々のラジカルやイオンがプラズマ内に発生する．放電中の親分子の分圧 p_1 は，プラズマで分解されるので放電前の圧力 p_0 よりも低下する．その差から，原料ガスのプラズマによる**解離度**は $(p_0 - p_1)/p_0$ と与えられる．高密度プラズマ（$n_0 > 10^{17}/\text{m}^3$）では解離度が容易に 80％ 以上に達する．一方，放電で発生した各種ラジカルの分圧 p_j（$j = 2, 3, \cdots$）については，反応性が高いために気相中の二次反応や壁での表面反応も考慮する必要がある．連続の式 (3・13) を体積積分すると，ラジカルの分圧 p_j に対して

$$V\frac{dp_j}{dt} = G' - L' - sp_j A - p_j S \tag{3・51}$$

が成り立つ．ここに，G' は電子衝突によって親ガスやほかのラジカル種から j 種のラジカルが生成されるレートを表す．気相中の二次反応（イオン・分子反応，ラジカル・ラジカル反応など）によって毎秒容器内でラジカルが生成されるレー

トが大きい場合には，これもG'に含める．L'は電子衝突によってラジカルが解離あるいは電離されたり，ラジカル・分子反応などの二次反応で失われるレートを表す．式(3·51)の右辺第3項は，面積Aの容器壁に到達したラジカルが実効的に付着確率（付着係数ともいう）sで表面で失われる損失（壁による排気効果とみることもできる）を表している．それぞれのラジカル種（$j=2, 3, \cdots$）ごとに式(3·51)の形の式が成り立ち，ラジカル同士と荷電粒子とが相互に複雑に結びついた連立非線形方程式系を形成する．

電子とイオンは壁に到達すると再結合して消滅してしまうので，実効的に壁での付着確率は$s=1$（すべて付着し気相に戻らない）と考えることができる．しかし中性粒子の場合，例えば安定な気体分子は壁と反応せずにそのまま気相に戻るので，$s=0$とみなせることが多い．一方，活性なラジカル種は壁に付着する確率が高い．一般に，壁への付着損失が多いとき，壁近くでの中性粒子の密度は減少し，そこでの密度勾配は大きくなる．図3·6(b)に示したように1次元の問題を考え，壁（$x=0$）における密度勾配を$(dn/dx)_0$，密度をn_0とすれば，付着確率sと中性粒子の平均自由行程λに対して次の関係が得られる（演習問題 問5）．

$$\left(\frac{dn}{dx}\right)_0 = \frac{s}{2-s}\frac{3}{2\lambda}n_0$$

これをミルン（Milne）の境界条件という．上の式から，$s=0$の場合は密度勾配がゼロとなり，sが大きくなるほど勾配がきつくなることがわかる．

⑤ 固体と接するプラズマ[3]

[1] 正イオンシースの形成とボーム条件

プラズマの密度分布と電位分布を調べると壁の位置で電位が発散してしまい，また，フラックスnuの連続からイオンの速度uが無限大になることを式(3·47)の下に述べた．その原因は，この式の導出に用いた電気的中性（$n_e \approx n_i$）の仮定が，壁の近くでは破れるためである．実際には，プラズマが金属や誘電体などの固体と接するとき，その界面には**シース**（sheath；さや）と呼ばれる空間電荷層（$n_e \neq n_i$）が形成される．通常，その厚さはデバイ長の数倍程度である．すなわち，電子がイオンより速く拡散するので壁は負に帯電しており，これによる電場をプラズマが遮へいするにはデバイ長程度の距離を要し，そこに正の空間電荷層

（正イオンシースと呼ぶ）が形成される．このようすを無衝突近似（イオンの平均自由行程＞シースの厚さ）のもとに調べてみよう．

図3・7のように，プラズマが$x=x_w$にある固体表面と接する1次元の問題を考える．上述のように，壁の前面にはイオン密度n_iが電子密度n_eより多いようなシース領域（$x_s<x<x_w$）が形成される．プラズマは両極性拡散をして流れてくるので，シース前面（$x<x_s$）にイオンを加速する領域が存在する．この領域を**プリシース**（pre-sheath）と呼び，電気的中性（$n_e\simeq n_i$）を満たすプラズマ状態にあるとする．ここでは便宜的に，プリシースが電場のないプラズマ領域に$x=0$でつながっているとする．また，電子は温度T_eのマクスウェル分布をしており，イオン温度$T_i=0$，シースおよびプリシース内は無衝突であるとする．プラズマ端（$x=0$）において電位$\phi=0$，密度$n_e=n_i=n_0$とし，シース端（$x=x_s$）において$\phi=\phi_s$，$n_e=n_i=n$であり，壁の電位をϕ_wとする．

イオンはプリシースにかかる電位差ϕ_s（＜0）で加速されるので，シース端での速度u_sは$u_s=\sqrt{-2e\phi_s/m_i}$となる．一方，電子は式 (3・35) のボルツマンの関係に従うので，シース端の密度は

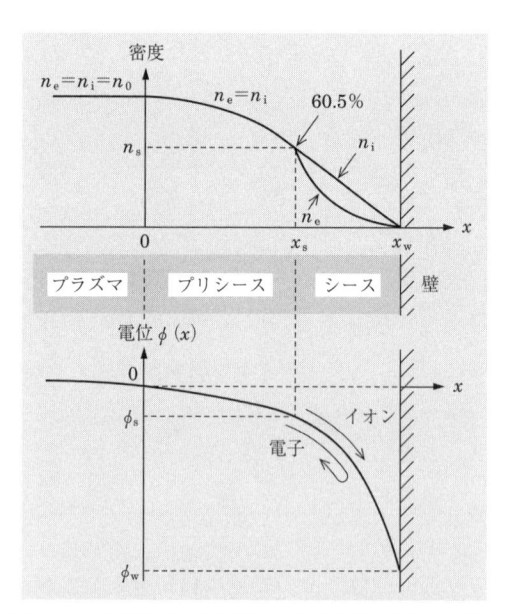

図3・7 プラズマが壁と接するときその間にプリシースとシースが形成される．

$$n_\mathrm{s} = n_0 e^{e\phi_\mathrm{s}/\kappa T_\mathrm{e}} \tag{3・52}$$

となる．シース内の密度 n_i と速度 u_i に対して，フラックスの連続性から $n_\mathrm{i} u_\mathrm{i} = n_\mathrm{s} u_\mathrm{s}$ が成り立つ．また，シース内の電位 ϕ を用いて $u_\mathrm{i} = \sqrt{-2e\phi/m_\mathrm{i}}$ と書けるから

$$n_\mathrm{i} = n_\mathrm{s} u_\mathrm{s} / u_\mathrm{i} = n_\mathrm{s} \sqrt{\phi_\mathrm{s}/\phi} \tag{3・53}$$

が成り立つ．一方，シース内の電子密度はボルツマンの関係から

$$n_\mathrm{e} = n_\mathrm{s} e^{e(\phi - \phi_\mathrm{s})/\kappa T_\mathrm{e}} \tag{3・54}$$

となる．したがって，シース内で正の空間電荷が発生するためには

$$n_\mathrm{i} - n_\mathrm{e} = n_\mathrm{s} \left\{ \sqrt{\frac{\phi_\mathrm{s}}{\phi}} - e^{e(\phi - \phi_\mathrm{s})/\kappa T_\mathrm{e}} \right\} \geq 0 \tag{3・55}$$

でなければならない．そこで，x_s より少し右側でこの式が成立するための条件を求めてみよう．

$\phi = \phi_\mathrm{s} - \Delta\phi\,(\Delta\phi > 0)$ とおき，$\Delta\phi$ が小さいとして展開し，$(\Delta\phi)^2$ 以下の項を省略すると

$$\sqrt{\frac{\phi_\mathrm{s}}{\phi}} \fallingdotseq 1 + \frac{1}{2}\frac{\Delta\phi}{\phi_\mathrm{s}}, \quad e^{e(\phi - \phi_\mathrm{s})/\kappa T_\mathrm{e}} \fallingdotseq 1 - \frac{e\Delta\phi}{\kappa T_\mathrm{e}}$$

であるから，これらを式 (3・55) に代入すると

$$\frac{1}{2}\frac{\Delta\phi}{\phi_\mathrm{s}} + \frac{e\Delta\phi}{\kappa T_\mathrm{e}} \geq 0 \tag{3・56}$$

両辺を $\Delta\phi$ で割って，ϕ_s は負であるのでその絶対値をとり，$e|\phi_\mathrm{s}| \geq \kappa T_\mathrm{e}/2$ が正イオンシース形成の条件となる．このことからイオンのシース端での入射速度は

$$u_\mathrm{s} \geq \sqrt{\kappa T_\mathrm{e}/m_\mathrm{i}} \tag{3・57}$$

を満足すべきことがわかる．これは正イオンシース形成のための**ボーム条件**（Bohm criterion）と呼ばれ，上式の右辺の速度

$$u_\mathrm{B} = \sqrt{\kappa T_\mathrm{e}/m_\mathrm{i}} \tag{3・58}$$

は**ボーム速度**と呼ばれる．

以上のことから，プラズマが固体と接するとき正イオンシースが形成され，このときシース端の電位はプラズマ電位より $\kappa T_\mathrm{e}/(2e)$ だけ低く，シース端密度は $\varepsilon\,(=2.718)$ を自然対数の底とするとき $n_\mathrm{s} = n_0 \varepsilon^{-1/2} = 0.605 n_0$ となり，プラズマ領域の 60.5％ に下がる．また，シース端のイオン密度はボーム速度 u_B となり，壁へのイオンフラックスは

ラングミュアプローブ法[4)]

プラズマ内に小さな電極(プローブ, probe)を挿入して電圧V_Bをかけ,流れる電流Iを測定すると,図の実線のような電流-電圧特性が得られる.このデータからプラズマの密度n_0,電子温度T_e,プラズマ電位V_p,浮遊電位V_Fを求めることができ,簡単な計測手段としてよく用いられている.この方法をラングミュアプローブ法,または単にプローブ法(探針法)という.プローブのサイズがデバイ長より十分大きい場合は図3・7の壁をプローブ電極と考え,壁の電位をϕ_wとして,アースから見たプラズマ電位V_pだけプローブ電圧V_Bをシフトして$\phi_w=-(V_p-V_B)$とおけば本文のシース理論がそのままあてはまる.式(3・61)からプローブ電流は,図中に破線で示す電子電流I_eとイオン電流I_iの和となり,プローブバイアスによってA,B,Cの三つの領域に分けられる.深い負バイアスをかけた領域Aでは,電子がほとんどプローブに入らないのでプローブ電流はイオン飽和電流となり,その値は式(3・59)に電荷eとプローブの面積Sをかけて

$$I_{is}=-0.605en_0(\kappa T_e/m_i)^{1/2}S$$

となる.その反対に,高い正バイアスをかけた領域C ($V_B>V_p$) ではイオンは入れず,電子電流は飽和値$I_{es}=(n_0e\langle v_e\rangle/4)S$となる.AとCの中間の領域Bにおける電子電流(図の破線)は式(3・60)より

$$I_e=\frac{en_0\langle v_e\rangle}{4}Se^{e(V_B-V_p)/\kappa T_e}, \quad \text{すなわち} \quad \log I_e \propto e(V_B-V_p)/\kappa T_e$$

と得られ,指数関数的に増大するので,電子電流($I_e=I-I_i$)の対数値$\log I_e$を電圧V_Bに対してプロットすると直線にのる.その直線の勾配の逆数が$\kappa T_e/e$を与えるので電子温度が求まる.T_eが求まるとI_{is}またはI_{es}からプラズマ密度n_0が求まる.浮遊電位V_Fは$I_p=0$となるバイアス電圧として求まり,プラズマ電位V_pはプローブバイアスを高くしていくとき,指数関数的増大からはずれて飽和し始める電圧として決定する.

以上はプラズマに電極を一つだけ挿入するsingle probe法であるが,二つ挿入するdouble probe法,三つ挿入するtriple probe法,熱電子放出を利用するemissive probe法も開発されている〔参考文献4)参照〕.

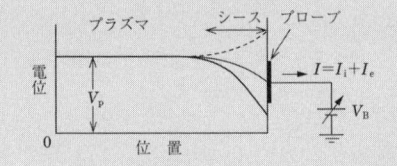

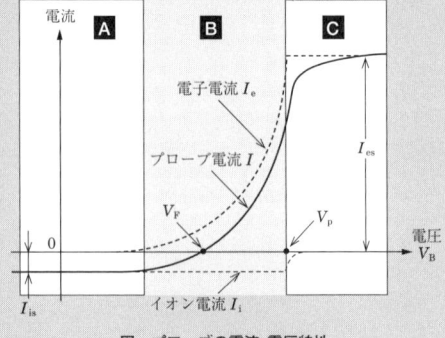

図 プローブの電流-電圧特性

$$\varGamma_\mathrm{i} = n_\mathrm{s} u_\mathrm{B} = 0.605 n_0 \sqrt{\kappa T_\mathrm{e}/m_\mathrm{i}} \qquad (3\cdot 59)$$

これを**ボームフラックス**と呼ぶ．また，正イオンシースが形成されている限り壁へのイオンフラックスは壁の電位 ϕ_w によらず，プラズマ密度 n_0，電子温度 T_e およびイオン質量 m_i で決まる．一方，壁に入る電子のフラックス $\varGamma_\mathrm{e}$ は，式 (3・2) のマクスウェル分布を積分して

$$\varGamma_\mathrm{e} = \int_{v_0}^{\infty} w_x f_\mathrm{e}(w_x)\, dw_x = \frac{n_0 \langle v_\mathrm{e} \rangle}{4} e^{e\phi_\mathrm{w}/\kappa T_\mathrm{e}} \qquad (3\cdot 60)$$

ここに，積分の下限は電位障壁 ϕ_w を超えて壁に入る最小の速度で $v_0 = \sqrt{-2e\phi_\mathrm{w}/m_\mathrm{e}}$ であり，$\langle v_\mathrm{e} \rangle = \sqrt{8\kappa T_\mathrm{e}/\pi m_\mathrm{e}}$ である．

壁に入る電流はイオン電流と電子電流の和で与えられるから，電流密度は

$$J = e\varGamma_\mathrm{i} - e\varGamma_\mathrm{e} \qquad (3\cdot 61)$$

となる．壁が絶縁物であったり，導体であっても外部回路から切り離されて浮いている場合は $J = 0$，すなわち $\varGamma_\mathrm{i} = \varGamma_\mathrm{e}$ となる．このときの壁の電位 ϕ_F を**浮遊電位**（floating potential）と呼び，式 (3・59) と式 (3・60) から

$$e^{-1/2} n_0 \left(\frac{\kappa T_\mathrm{e}}{m_i}\right)^{1/2} = \frac{1}{4} n_0 \left(\frac{8\kappa T_\mathrm{e}}{\pi m_\mathrm{e}}\right)^{1/2} e^{e\phi_\mathrm{F}/\kappa T_\mathrm{e}}$$

が成り立つことがわかる．両辺の対数をとって自然対数 $\log_e$ を $\ln$ と書き，$\kappa T_\mathrm{e}/e$ をボルト単位の T_e で表して ϕ_F を求めると

$$\text{浮遊電位}: \phi_\mathrm{F} = -\frac{T_\mathrm{e}}{2} - \frac{T_\mathrm{e}}{2} \ln\left(\frac{m_\mathrm{i}}{2\pi m_\mathrm{e}}\right) \qquad (3\cdot 62)$$

この式の右辺第1項と第2項はそれぞれ，図3・7のプリシースとシースにかかる電位差を表している．プラズマ領域の電位を0とおいているため，ϕ_F は負の値となっている．実際の放電ではプラズマ電位はアースに対してある電位 ϕ_p にあるから，浮遊電位は ϕ_p と ϕ_w の差（$|\phi_\mathrm{F}| = \phi_\mathrm{p} - \phi_\mathrm{w}$）と考えればよい．その大きさを電子の平均熱エネルギーで規格化した値 $|\phi_\mathrm{F}/T_\mathrm{e}|$ は，$\mathrm{H^+}$ のとき3.3，$\mathrm{Ar^+}$ のとき5.2である．この節で述べた考え方は，プラズマの密度や電子温度を測るためのラングミュアプローブ法に用いられている（囲み記事参照）．

[2] 直流高電圧シース

絶縁壁の場合は T_e [V] の数倍程度のシース電圧しか現れないことを上で述べた．しかし，プラズマプロセスでは外部から壁（基板）に大きな負のバイアス電

圧をかけることがある．直流電圧をそのままかけるよりも，壁に高周波電圧を印加したときに発生する直流の自己バイアス電圧（6・2節 [3] 参照）を利用することが多い．この項では，プラズマと壁の間の直流電圧差をV_0とし，$V_0 \gg T_e$ [V] であるような高電圧シースを考えよう．この場合，電子はシース端で反射されてしまい，シース内には電子がなく，電子電流は0と近似できる．一方，イオンは加速されながらシースを走り抜けて壁に衝突する．イオンの電流密度J_0の連続とエネルギー保存則を用いてポアソンの方程式を解けば，シースの厚さをdとして

$$J_0 = \frac{4}{9}\varepsilon_0 \left(\frac{2e}{m_i}\right)^{1/2} \frac{V_0^{3/2}}{d^2} \qquad (3\cdot 63)$$

が得られる．これは，電子の空間電荷を考慮して二極真空管の電圧電流特性を説明する理論式，**チャイルド・ラングミュアの式**（Child–Langmuir equation）と本質的に同じであり，電子の代わりにイオンの空間電荷効果を扱ったことになる．

一方，プラズマからシースに入るイオンのフラックスは式 (3・59) で与えられるので，電流密度は$J_0 = 0.605 e n_0 u_B$である．これを用いて式 (3・63) のJ_0を消去し，式 (3・20) のデバイ長λ_Dを用いてシースの厚さdを求めると

$$d = 0.606 \lambda_D \left(\frac{2V_0}{T_e}\right)^{3/4} \qquad (3\cdot 64)$$

となる．ただし，T_eはボルト(V) 単位で与えている．これから，例えば$T_e = 1$V，$V_0 = 100$Vのとき，シースの厚さdはλ_Dの32倍になることがわかる．以上の計算は，シースが無衝突と近似できる場合（$d <$ イオンの平均自由行程）に正しい．

6 粒子バランスとエネルギーバランスを考えよう[4)]

[1] 気相におけるエネルギー損失

化学反応A＋B→Cが進む速度は，左辺の反応種の密度 [A], [B] の積に比例する．そこで，1秒間に1m³当たりこの反応が起こるレートを$g = k$[A][B] と表し，その比例定数k [m³/s] を**速度定数**（rate coefficient）という．通常，化学反応は温度Tが高いほど速く進み，速度定数は$k(T) \propto e^{-E_a/RT}$というアレニウス（Arrehenius）の式に従うことが知られている．ここにE_aは見かけの活性化エネルギーと呼ばれ，Rは気体定数であり，アボガドロ数N_Aとボルツマン定数κを用いて$R = N_A \kappa$と書ける．プラズマ中の電離や解離の反応についても，アレニウス

の式が成り立つことを以下に示そう．

　電子と中性粒子の衝突により電離が起こるレートg_{iz}は，上の化学反応と同様にして$g_{iz}=k_{iz}n_e n_n$と書ける．ここにk_{iz}は電離の速度定数，n_eは電子密度，n_nは中性粒子の密度である．g_{iz}/n_eの値は1個の電子が1秒間に電離する回数，すなわち電離周波数ν_Iに等しいから$\nu_I=k_{iz}n_n$である．一方，電離断面積σは電子が中性粒子に衝突するときの速さvに依存するので（たとえば図2・9参照），電子の速度分布関数$F(v)$で積分することによって，電離周波数は以下のようになる．

$$\nu_I=n_n k_{iz}=n_n \int_0^\infty \sigma(v)\,vF(v)dv \tag{3・65}$$

　ここで簡単のために，$F(v)$として式(3・3)のマクスウェル分布を仮定し，σは電離電圧V_Iを超えるエネルギーから勾配Aをもって直線的に増加するとして，$\sigma(\varepsilon)=A(\varepsilon-eV_I)$と仮定する．さらに，式(3・65)の変数を速さ$v$からエネルギー$\varepsilon(=m_e v^2/2)$に変換して，部分積分を2回行うと電離の速度定数は

$$k_{iz}(T_e)=A\langle v_e\rangle(eV_I+2\kappa T_e)e^{-eV_I/\kappa T_e} \tag{3・66}$$

これをアレニウスの式と比較すれば，Rとκは比例することから，反応の温度がT_eに，活性化エネルギーが電離電圧に対応している．

　さて，上で電離 (ionization) に関する速度定数k_{iz}を求めたのと全く同じやり方で，電子衝突による中性粒子の励起 (excitation)，解離 (dissociation)，弾性衝突 (elastic collision) に関する速度定数k_{ex}, k_{ds}, k_{el}を定義できる．また，電離・励起・解離のそれぞれ1回の衝突で電子が失うエネルギーは，上と同じ添字を用いると，$\varepsilon_{iz}=eV_I$, $\varepsilon_{ex}=eV_E$, $\varepsilon_{ds}=eV_D$である（V_E：励起電圧，V_D：解離電圧）．弾性衝突によるエネルギー損失は，2章の式(2・32)のエネルギー損失係数に電子の熱エネルギー$(3/2)\kappa T_e$をかけて，$\varepsilon_{el}=(3m_e/m_i)\kappa T_e$と求められる．

　次に，中性粒子の密度がn_n，電子密度がn_e，電子温度がT_eであるとき，電子衝突によって1秒間に単位体積当たりに電子が失うエネルギー（損失パワー密度）を求めよう．電離が起こるレートg_{iz}は前述のように$g_{iz}=k_{iz}n_e n_n$であるから，これにε_{iz}をかけると電離による損失パワー密度が$k_{iz}n_e n_n\varepsilon_{iz}$と得られる．同様にして励起による損失は$k_{ex}n_e n_n\varepsilon_{ex}$, 解離による損失は$k_{ds}n_e n_n\varepsilon_{ds}$, 弾性衝突による損失は$k_{el}(3m_e/m_i)\kappa T_e$と求まる．これらの損失パワー密度の総和を$p_c$としよう．1秒間に電離によって発生している電子・イオン対は単位体積当たりg_{iz}であるから，一つの電子・イオン対を維持するのに要するエネルギーをε_cとすれば，$\varepsilon_c=$

p_c/g_{iz} である．この式に p_c と g_{iz} の値を代入して

$$\varepsilon_c = \frac{1}{k_{Iz}}\left(k_{Iz}\varepsilon_{Iz} + k_{ex}\varepsilon_{ex} + k_{ds}\varepsilon_{ds} + k_{el}\frac{3m_e}{m_I}\kappa T_e\right) \quad (3\cdot67)$$

を得る．右辺の速度定数が T_e の関数であるので，ε_c は T_e と中性粒子の種類で決まる．アルゴンの場合は解離がないので $k_{ds}=0$ として，2章の図2·9の断面積データをもとにマクスウェル分布で平均化して，ε_c を計算すると**図3·8**のようになる．図には酸素分子の場合の ε_c も示してあり，分子の場合は振動，回転や解離などの衝突損失が加わるので，希ガスに比べて数倍から10倍程度 ε_c が大きくなる．

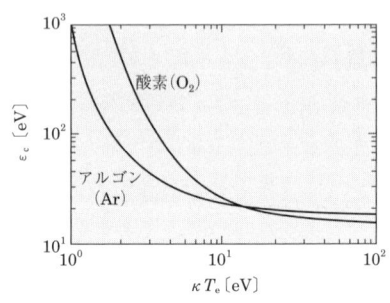

図3·8 一つの電子・イオン対を維持するのに要するエネルギー ε_c [注]

[2] 壁へのエネルギー損失とパワーバランス

一つの電子・イオン対を生成するたびに ε_c のエネルギーを電子が消費していることを上に述べた．発生した電子とイオンは容器の壁まで両極性拡散していき，壁面上で再結合して消滅する．したがって，気相において発生した電子・イオン対が面積 A の壁に毎秒持ち去るエネルギー（すなわち，損失パワー）は，式(3·59)の壁へのイオンのフラックスに ε_c を乗じて，$n_s u_B A \varepsilon_c$ となる．このほかに電子とイオンが壁へ運動エネルギーを直接運び去る形の損失がある．マクスウェル分布をしている電子の場合，電子1個がシースを通過して壁に衝突することにより失う平均エネルギーは $2\kappa T_e$ である（演習問題 問1）．一方，イオンは壁前面のシースにかかる直流電位差 V_s $(=\phi_s-\phi_w$，図3·7) で加速されて壁に衝突するので，プリシースの加速電圧 $\kappa T_e/2$ を加えて，イオン1個が壁へ持ち去るエネルギーは $\varepsilon_i = \kappa T_e/2 + eV_s$ と与えられる．以上の三つの寄与を加えあわせて，一つの電子・イオン対が放電系から失われるときにプラズマから運び去る全エネルギーは

$$\varepsilon_T = \varepsilon_c + 2\kappa T_e + \varepsilon_i \quad (3\cdot68)$$

である．また，これにボームフラックスと面積 A をかけて，放電系から失われる

(注) V. Vahedi：学位論文 (Modeling and Simulation of Rf Discharges Used for Plasma Processing), カリフォルニア大学バークレイ校 (1993)

全パワーは $P_{\text{loss}} = n_{\text{s}} u_{\text{B}} \varepsilon_{\text{T}} A$ となる．プラズマが外から吸収する放電パワーを P_{abs} とすれば，これが放電系から失われるパワー P_{loss} とバランスするので

$$P_{\text{abs}} = n_{\text{s}} u_{\text{B}} \varepsilon_{\text{T}} A \tag{3・69}$$

が成り立つ．放電パワー P_{abs} と容器面積 A が与えられたとき，上式の右辺は n_{s} と T_{e} の関数であるから，次項に述べるようにして T_{e} がわかればシース端密度 n_{s} がわかり，最終的にプラズマ密度が求まる．

［3］ 粒子バランス

　定常状態にあるプラズマでは，毎秒外から注入されるエネルギーとプラズマ内で毎秒失われるエネルギーが等しいので，パワーバランス（エネルギー保存則）が成り立つことを前項で述べた．本項では，定常プラズマ中で毎秒発生する粒子の数と消滅する粒子の数は等しい，という粒子バランス（質量保存則）を扱う．分子やラジカルなどの中性粒子については式 (3・51) の左辺をゼロとすれば，定常状態の粒子バランスの式が得られる．ここでは荷電粒子の場合について粒子バランスの関係を求める．その準備として，プラズマの中心部の密度 n_0 と容器の壁近傍のシース端の密度 n_{s} との関係を考えよう．図 3・5 に実線で示したように，両極性拡散に従う円筒プラズマの密度分布は，零次ベッセル関数を用いて $n(r) = n_0 J_0(2.41 r/a)$ と与えられる．しかし，この解はシース端 $r = r_{\text{s}}$ を超えた壁の近くでは正しくないことを前に述べた．シース端でのイオンの拡散フラックス $\Gamma_{\text{i}} = -D_{\text{a}}(\partial n/\partial r)|_{r=r_{\text{s}}}$ をシース端密度 $n(r_{\text{s}})$ で割れば，シース端での拡散速度が求まる．この速度はボーム速度 u_{B} と等しいはずである．このことを用いればシース端位置 r_{s} が決まり，n_{s} と n_0 の関係が得られる．すなわち，プラズマ領域とシース領域をつなぐことができる．この計算は，イオンの平均自由行程 λ_{i} が容器サイズ l よりも十分に短いような高圧力条件で成り立つ．しかし，圧力が低くなり λ_{i} が l に近くなってくると，電場によるイオンの加速が大きくなり，ドリフト速度 $u_{\text{i}} = \mu_{\text{i}} E$ が熱速度 $\langle v_{\text{i}} \rangle$ よりもはるかに大きくなる．このとき，イオンの衝突が熱速度で決まるとしていた仮定が破れ，主にドリフト速度で決まるようになる．このような低い圧力から，さらに $\lambda_{\text{i}} > l$ となるような低圧力条件となると，図 3・5 の破線のように密度分布は J_0 分布から大きくずれる．その厳密な計算は省略して，半径 R，長さ l の円筒プラズマの場合の近似解を下に示しておく．中心点のプラズマ密度を n_0，円筒側壁のシース端密度を $n_{\text{s}R}$，両端の軸方向のシース

端密度を n_{sl} とすれば，シース端密度と中心密度との比は次のように与えられる．

$$h_l \equiv \frac{n_{sl}}{n_0} \fallingdotseq 0.86\left(3+\frac{l}{2\lambda_i}\right)^{-1/2}, \quad h_R \equiv \frac{n_{sR}}{n_0} \fallingdotseq 0.80\left(4+\frac{R}{\lambda_i}\right)^{-1/2} \quad (3 \cdot 70)$$

上の密度比 h_l, h_R を用いて，半径 R で長さ l の円筒容器内のプラズマの生成と損失のバランスを考えよう．円筒の側壁（面積 $A_R = 2\pi R l$）と軸方向の両端の壁（面積 $A_l = 2\pi R^2$）への損失を加えた全拡散損失は $N_{\text{loss}} = u_B n_{sR} A_R + u_B n_{sl} A_l$ となる．一方，この容器（体積 $\pi R^2 l$）の中に密度 n_0 のプラズマが一様に分布しているとし，密度 n_n の中性粒子を電子が電離してプラズマを生成し，拡散損失を補っているとする．この生成と損失の粒子のバランスから

$$n_0 u_B (2\pi R^2 h_l + 2\pi R l h_R) = k_{\text{iz}} n_n n_0 \pi R^2 l \quad (3 \cdot 71)$$

が成り立つ．この式の左辺は拡散損失，右辺は電離生成を示している．上式において電離の速度定数 k_{iz} と u_B は T_e の関数であるから，圧力（n_n）と容器サイズ（R, l）を与えたとき式 (3·71) から T_e を計算することができ，後述の5章の図5·5と同様な結果が得られる．このようにして粒子バランスから T_e が決まると，これをエネルギーバランスの式 (3·69) に適用すれば放電パワーの関数としてプラズマ密度を求めることができる．

演習問題

問1 粒子が温度 T のマクスウェル分布をしているとき，一つの方向（例えば x 方向）に粒子1個が運ぶ平均エネルギーは $2\kappa T$ であることを示せ．

問2 $\mu_e \gg \mu_i$, $T_e \gg T_i$ のとき，両極性拡散係数は $D_a \fallingdotseq \mu_i(\kappa T_e/e)$ となり，$D_i \ll D_a \ll D_e$ であることを示せ．

問3 磁場に垂直な拡散係数 $D_\perp$ と平行な拡散係数 $D_{//} (= \kappa T/m\nu)$ との間に，$D_\perp = D_{//}/(1+\omega_c^2/\nu^2)$ の関係があることを示せ（ヒント：式 (3·14) において左辺 $= 0$, $\boldsymbol{E} = 0$, $\boldsymbol{B}$ は z 方向，$\nabla p = \kappa T \nabla n$ は x 方向とし，u_x を求める）．

問4 $g = l = 0$ のとき連続の式 (3·13) の両辺に κT をかけて，放電容器全体で体積積分して式 (3·48) を導け．

問5 3·4節 [4] で述べた，次のミルンの境界条件を導け（ヒント：式 (3·6) のランダムフラックス $n\langle v \rangle/4$ と式 (3·28) の拡散フラックスを用いる）．

$$\left(\frac{dn}{dx}\right)_0 = \frac{s}{2-s}\frac{3}{2\lambda}n_0$$

4章 プラズマが生まれるまで

プラズマの中には数えきれないほど多くの電子やイオンが動き回っている．2章，3章では，そのようなプラズマがすでに生成されているものと考えて，ミクロおよびマクロな視点からプラズマの性質を調べてきた．本章では，荷電粒子がない気体の状態から，放電によってどのようにプラズマが生まれてくるかを調べよう．

① 気体の絶縁破壊 ──タウンゼントの実験と理論── [1)2)]

気体はもともと電気を通さない絶縁性の媒質である．これを円筒ガラス容器に封入し，図 4・1 に示すようにスイッチ S を閉じて陰極と陽極の間に直流電圧 V_0 をかける．この電圧をしだいに大きくしていくと，ある値 V_S に達したときに突然電流が流れ出し，容器内が明るく光るプラズマで満たされる．このように電極間の気体の絶縁が破れることを絶縁破壊（放電）と呼び，その瞬間の電圧 V_S を火花電圧（絶縁破壊電圧）という．具体例をあげると，圧力 $p \fallingdotseq 100\,\mathrm{Pa}$，電極間距

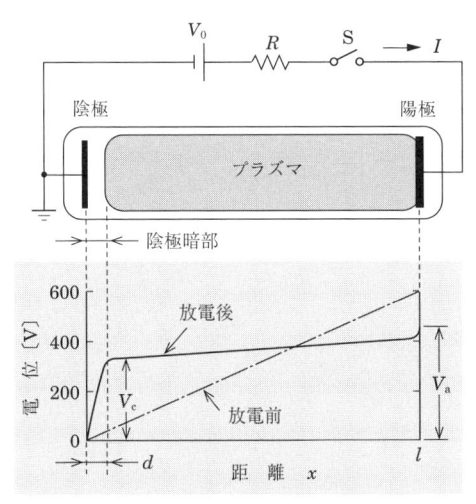

図 4・1 低圧力の直流グロー放電

離 $l ≒ 10\,\mathrm{cm}$ のとき火花電圧は，ガスの種類や陰極材料によって変わるが大体 $V_S = 400 \sim 600\,\mathrm{V}$ である．絶縁破壊の前は真空の平行板コンデンサと同じで，電場 ($E = V/l$) が一定で電位 V は直線的に変化する（図 4·1 の一点鎖線）．破壊直後の短時間に密度 $10^{15} \sim 10^{17}\,\mathrm{m^{-3}}$ 程度のプラズマが放電管中に発生し，保護抵抗 R ($≒ 1\,\mathrm{k\Omega}$) で制限された電流 $I = 10 \sim 200\,\mathrm{mA}$ が流れる．このようなプラズマを直流グロープラズマという．放電後の陽極の電圧 V_a ($= V_0 - RI$) は 300 V 程度に下がり，そのときの管内電位分布の一例を図 4·1 の下に実線で示す．すなわち，プラズマ領域は金属のようにほぼ等電位（$≒ V_a$）にあり，陰極前面の薄いシース（厚さ d）の所で急に電位が下がる．この電場の強い領域は光らないので陰極暗部と呼ばれている．

さて，このような絶縁破壊とプラズマ状態への遷移はどのようにして起こるのであろうか．この機構を解明して気体放電の歴史に残る先駆的仕事をしたのはイギリスのタウンゼント（J. S. Townsend, 1868 〜 1957）である．彼の卓越した実験と深い洞察力に基づく解釈を中心に説明をしよう．

図 4·1 において電極間にいくら高電圧をかけても，もしその中に電子が 1 個もなく中性粒子だけであるならば電離も放電も起きないであろう．放電がスタートするにはタネとなる電子（初期電子）が必要である．自然界には高エネルギーの宇宙線，放射能，紫外線などが常にあり，これらが放電管内に入射して電離が起こり，偶発的に電子が発生する．この偶存電子がトリガとなって電場による加速・衝突電離の連鎖反応が始まる．すなわち，現実の放電開始過程は統計的な不確実性を伴っている．これを避けて制御性のよい基礎研究を行うため，タウンゼントは陰極に紫外線を当てたときに放出される光電子を利用した．すなわち，紫外線の照射量を変えて陰極から出る初期電子電流 I_0 を制御し，彼は放電開始前の暗い状態において陽極に流れる微弱な電流（暗流）を詳しく調べ，次の二つの関係を見いだした．まず第 1 に，電流 I は電極間の距離 x に対して指数関数的に増大し

$$I = I_0 e^{\alpha x} \qquad (4 \cdot 1)$$

すなわち $\ln(I/I_0) = \alpha x$ と表せること（α はタウンゼントの第 1 係数と呼ばれる），第 2 にこの係数 α は圧力 p と電場 $E = V/x$ に依存し

$$\frac{\alpha}{p} = A \exp\left(-\frac{B}{E/p}\right) \qquad (4 \cdot 2)$$

という関係があることをつきとめた（A, B は定数）．参考までに空気の場合につ

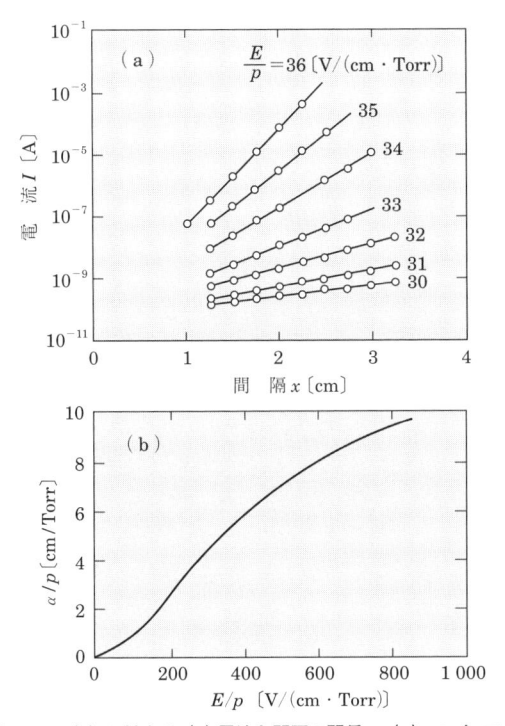

図 4・2 空気に対する (a) 電流と間隔の関係，(b) α/p と E/p の関係

いて，式 (4・1) と式 (4・2) の関係を表すデータの例を**図 4・2** の (a) と (b) にそれぞれ示す．

　タウンゼントは上の二つの実験式を次のように解釈した．式 (4・1) は，電子が衝突電離を起こしてなだれのように電子の数が増えていく過程を表している．例えば**図 4・3** のように，陰極を出た 1 個の電子（黒丸）が電場で加速され，電離するのに必要なエネルギー eV_I（V_I は電離電圧）をもらって気体分子（白丸）と衝突する．このとき電離が起こって電子が 1 個増える．この電子も加速されて電離を起こすようになるので，距離 δ 進むごとに電離を起こすとすれば，$n\delta$ 進むと電子の数は 2^n 個に増える．一般に，1 個の電子が単位長さ進む間に α 回電離を起こすとすれば，n 個の電子が dx 進むときの電子の増加分は $dn = \alpha n dx$，すなわち $dn/dx = \alpha n$ となる．これを積分して $x = 0$ で $n = n_0$ とすれば $n = n_0 e^{\alpha x}$ を得る．電流は $i = en$ なので結局 $i = i_0 e^{\alpha x}$ となり，実験式 (4・1) と合う．このような電子による電離増殖作用を **α 作用**という．

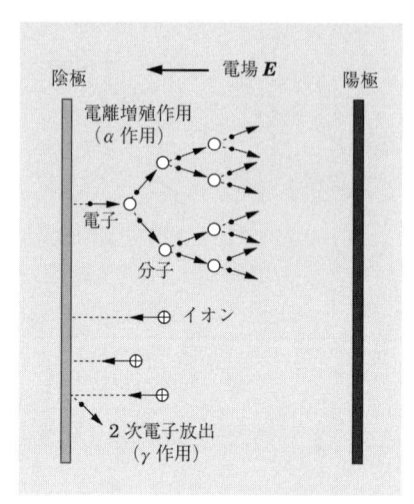

図 4・3 α作用とγ作用の説明

上に述べたように，電子がδ進むごとにeV_Iのエネルギーを得て衝突電離を起こす．このことは，電場をEとすれば距離δ当たりの電位降下$(E\delta)$がV_Iに等しいことを意味しているので

$$\delta = V_I/E \tag{4・3}$$

となる．一般に，衝突から衝突までに電子が走る長さ（自由行程）は，統計的にある分布に従っている．それによれば，平均自由行程をλとするとき，自由行程がδより長い電子の数nは，全電子数Nに対して

$$\frac{n}{N} = \exp\left(-\frac{\delta}{\lambda}\right) \tag{4・4}$$

と与えられる．このことから，1個の電子が単位長さ進む間に電離する回数αは

$$\alpha = \frac{n}{N}\frac{1}{\lambda} = \frac{1}{\lambda}\exp\left(-\frac{\delta}{\lambda}\right) \tag{4・5}$$

となる．この式の指数関数の肩の部分を変形して$\delta/\lambda = (E\delta)/(\lambda E) = V_I/(\lambda E)$とし，式(4・5)の両辺を圧力$p$で割ると

$$\frac{\alpha}{p} = \frac{1}{p\lambda}\exp\left[-\frac{V_I/(p\lambda)}{E/p}\right] \tag{4・6}$$

となる．ここで，$1/p\lambda = A$，$V_I/(p\lambda) = B$とおけば実験式(4・2)が得られる．

　このようにしてタウンゼントは電子による電離増殖作用（α作用）を明らかにした後，放電がどのようにして開始するかという問題を考えた．彼はα作用に加

えて，β作用とγ作用を取り入れた．β作用はイオンが気体分子に衝突して電離を起こす作用であるが，実際にはイオンのエネルギーが電離を起こすほど大きくならないので無視してよい（2・4節 [3] 参照）．一方，イオンや光子（1次粒子）が高いエネルギーで固体表面に衝突すると，表面から電子（2次電子という）が放出される．これを2次電子放出という．陰極へ入射するイオン数と放出される2次電子数との比を2次電子放出係数と定義する．タウンゼントはイオンが電場で加速されて陰極に入射したときに2次電子が出ることに着目し（図4・3参照），これを**γ作用**と名付けた．

さて，タウンゼントにならってα作用とγ作用を考慮しながら図4・3に示した電極に流れる電流を計算してみよう．電極間の距離をlとし，紫外線照射により陰極から出る光電子電流をI_0とする．この初期電子がタネとなり，α作用によって指数関数的に電子が増えて陽極に達すると，その電流は$I_0 e^{\alpha l}$になる．このときの電子電流の増加分は$I_0 e^{\alpha l} - I_0$で，これが電離で発生したイオンの数に等しい．このイオンは，電場によって陰極側へ加速され，陰極に衝突するとγ作用によって$\gamma(I_0 e^{\alpha l} - I_0)$個の2次電子を毎秒放出する．これが第二世代の電離増殖のタネとなり，初期電子と同様にα作用を経て陽極に達したとき電子電流は$\eta I_0 e^{\alpha l}$に増える．ただし，$\eta = \gamma(e^{\alpha l} - 1)$である．このとき同時に増えたイオンが再びγ作用で第三世代の電離増殖のタネをつくる．このようにして第四世代，第五世代と無限に増殖を行うと考える．その結果，最終的に陽極に達する電子電流をすべて加え合わせると，無限等比級数の形となり

$$I = I_0 e^{\alpha l} + \eta I_0 e^{\alpha l} + \eta^2 I_0 e^{\alpha l} + \cdots$$
$$= \frac{I_0 e^{\alpha l}}{1 - \eta} \tag{4・7}$$

ただし，$\eta = \gamma(e^{\alpha l} - 1) < 1$とする．

紫外線照射をやめ，初期電子の補給を止めて$I_0 = 0$とすると，式（4・7）から$I = 0$となり電流は持続しない．しかし，この式の分母は$\eta = 1$のときゼロとなるので，$I_0 \to 0$であっても$\eta \to 1$であれば電流Iはゼロでない有限値をとることができる．すなわち，紫外線の助けがなくてもわずかの偶存電子がタネとなって電極間に電流が流れ続けて放電が持続する．このことからタウンゼントは，放電開始条件は$\eta = 1$，すなわち

$$\gamma(e^{\alpha l} - 1) = 1 \tag{4・8}$$

であると結論した．上の式は**タウンゼントの火花条件式**と呼ばれる．

この式は，次のような物理的意味をもっている．いま，1個の初期電子が陰極をスタートして（式 (4·8) の右辺の1に相当）加速されながら衝突電離を行い，陽極に達したとき $e^{\alpha l}$ 個の電子に増える．これから初期電子の1個を除いた数 $(e^{\alpha l}-1)$ が，途中で電離生成されたイオンの数になる．これらのイオンは最終的に陰極に入射するが，そのとき2次電子が陰極から出る．もし，その2次電子の数 $\gamma(e^{\alpha l}-1)$（式 (4·8) の左辺に相当）が少なくとも1個あれば，これがタネとなって初期電子のときと同様に電流が流れ続けて放電が持続する．すなわち，電子による α 作用だけでは初期電子を与えたときのみパルス的に電流が流れて終わってしまうが，イオンによる γ 作用が十分に働くと，常にタネとなる電子を陰極から補給されるので放電が自然に継続する．

② 放電開始電圧 ——パッシェンの法則——[1)2)]

陰極と陽極の間にかける電圧を上げていき，放電がつく瞬間の電圧 V_s を火花電圧または放電開始電圧という．多くの分野で著名な業績をあげたドイツのパッシェン（Paschen, 1865〜1947）は，学生時代に火花電圧について実験を行い，一つの法則を発見して学位を取得している．その法則は「火花電圧は気体の圧力 p と電極間隔 l の積 (pl) で決まり，極小値をもつ」というもので，**パッシェンの法則**と呼ばれている．そのデータの例として，陰極が鉄（Fe）の場合のいくつか

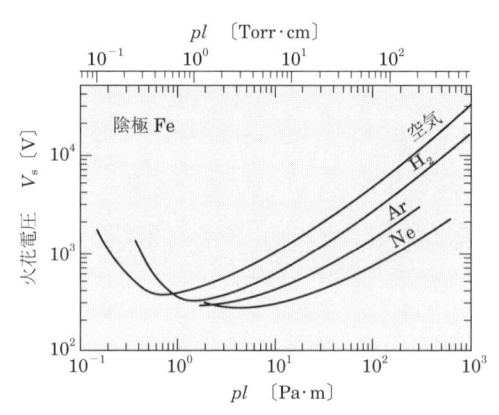

図 4・4 火花電圧 V_s が圧力 p と電極間隔 l の積で決まることを示すパッシェン曲線の例

の気体に対するV_sとplの関係を**図4·4**に示す．例えば空気の場合，$pl \fallingdotseq 0.7\,\text{Pa·m}$のとき最も低い電圧（$\fallingdotseq 350\,\text{V}$）で火花放電が起こることがわかる．また，$p$と$l$の積の値で$V_s$が決まるので，圧力を2倍にして電極間隔を半分に変えると，それ以前と同じ火花電圧になる．

実験的に見いだされたこの法則は，タウンゼントの火花条件式（4·8）から理論的に導くことができる．まず，この式からαlを求めると，自然対数$\log_e$を$\ln$と書いて

$$\alpha l = \ln(1+1/\gamma) \equiv \Phi \tag{4·9}$$

となる．ここに，Φは陰極材料のγで決まる一定値である．一方，式（4·2）の両辺にplをかけて式（4·9）を代入すると

$$\Phi = Apl\exp\left(-\frac{Bpl}{El}\right) \tag{4·10}$$

ここで電極間電圧Elが火花電圧V_sに等しいので，式（4·10）から火花電圧を求めると

$$V_s = \frac{Bpl}{\ln(Apl/\Phi)} \tag{4·11}$$

となる．この式においてA, B, Φは定数であるから，火花電圧はpとlの積の値のみで決まるというパッシェンの法則が得られる．この式を用いてV_sをplの関数としてグラフにすると，図4·4の形の曲線が得られる．これをパッシェン曲線という．ちなみに，$x=(A/\Phi)pl, y=(A/\Phi)(V_s/B)$とおけば，式（4·11）は$y=x/\ln x$となる．この関数は，$x=\varepsilon$（自然対数の底）のとき極小値$y=\varepsilon$をとる．$x$は$pl$に比例するので，$pl$のある値のときに火花電圧が極小値をとることがわかる．このとき放電が最も起こりやすく，後出の式（5·1）のグロー放電や7·3節のプラズマディスプレイパネルの放電などは極小値付近で行われている．

火花電圧がplに対して極小値をもつのはなぜだろうか．その答のヒントは
① 電子の平均自由行程λは圧力pに反比例する（$\lambda \propto 1/p$）．
② 電子がλの距離を走る間に電場EからもらうエネルギーWは$W=eE\lambda$である．
③ 電離を起こすには，Wが電離エネルギーeV_1より大きくなければならない．
という点にある．例えば，電極間隔lを一定にして圧力を高くするとλが短くなりWが小さくなるので，印加電圧を上げて電場$E=V/l$を大きくしないと電離しない（放電しない）．逆に圧力を下げていくとλが大きくなり，Wは大きくなる．しかし，下げすぎると真空に近づいて気体分子が少なくなり，λ当たりの電離回

数（α/pに比例）が減るために，電圧を上げて電離確率を大きくしなければならない．この高圧力と低圧力の両極端の間に最も放電しやすい極小火花電圧が存在し，そのときに1V当たりの電離回数（α/E）が最大になっている．

上の説明のヒント①を用いてpをλで表すと，これまで出てきた重要なパラメータはλ当たりの物理量として表現できる．例えば，パッシェンの法則の式 (4・11) のパラメータは$pl \propto l/\lambda$（lとλの比），タウンゼントの実験式 (4・6) のパラメータは$\alpha/p \propto \alpha\lambda$（$\lambda$当たりの電離回数）であり，$E/p \propto E\lambda$（$\lambda$当たりに電子がもらうエネルギー）となっている．これらのパラメータの値が同じであれば，同じ火花電圧や電流が得られる．このことは，平均自由行程λ当たりの物理量（例えばλ当たりの電離回数）が同じであれば同じ現象が起こる（例えば同じV_sの値になる）ことを意味している．これを気体放電における**相似律**（similarity law）という．言い換えると，長さの単位として実際の単位1mを使うのではなく，λを単位として測って同じであれば同一の物理現象が観測されることを意味している．ほかの分野の相似律の例をあげれば，通信用アンテナの特性はアンテナ長が電波の波長の何倍であるかによって決まることが知られている．

③ プラズマ状態への移行

火花放電（絶縁破壊）を起こした後，どのようにして定常なプラズマの状態，例えば図4・1のグロー放電のモードに移るだろうか．破壊直後の$t=0$においては，いまだ荷電粒子が少なく真空媒質とみなせるから，電極間の電位分布は**図4・5**の

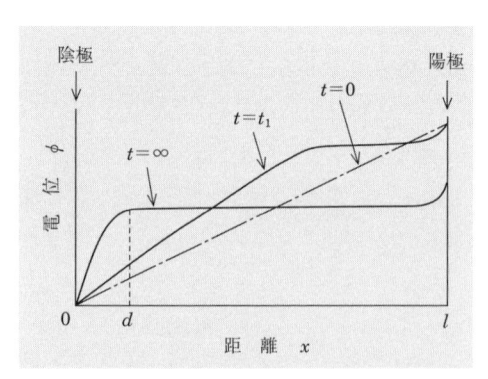

図4・5 時刻$t=0$に電圧を加えてから，定常のプラズマ状態になるまでの電位分布の変化

一点鎖線のように直線的である．すなわち，陽極面に正電荷，陰極面に負電荷が分布する真空コンデンサとほぼ同じである．放電が開始すると，時間とともに電離増殖で多量のイオンと電子が陽極近傍に発生する．それらの電荷量が電極上の表面電荷と同程度になると，プラズマ内の電子が陽極上の電荷を遮へいし，イオンが陰極面電荷を遮へいするようになる．その結果，図4·5に示したように，例えば$t=t_1$の電位分布に平坦な部分（プラズマ状態）が陽極側に出現する．この平坦部が陰極側へせり出すにつれて陰極面上の電場が強くなり，より激しく電離増殖が起こりプラズマ密度が増えていく．最終的には図の$t=\infty$のように，陰極前面の$0<x<d$の薄いシースに電圧のほとんどが加わるグロー放電に落ち着く．

グロー放電の状態における$x>d$の領域は正イオン密度と電子密度がほぼ等しく（電気的中性），等電位のプラズマ状態にある．3·3節でも述べたように，プラズマに外から電場を加えると電荷が動いてプラズマの表面で静電遮へいするため，プラズマ内部の電場はほとんどゼロとなる．すなわち，プラズマは金属導体のように働いて電位差をショートするので，外部印加電圧のほとんどが抵抗の大きい陰極シースに加わる．

4 タウンゼント理論の限界[1) 2)]

電子によるα作用とイオンによるγ作用に基づくタウンゼントの絶縁破壊理論は，パッシェンの法則を説明することに成功し，かなり広い実験条件で観測結果とよく一致する．しかし，その理論の前提となる仮定が成り立たない場合があり，そのときは当然ながら実験と理論がくい違ってくる．その主な例をあげると，

① 電極間の電界分布が一様でなく，局所的に強い電場が存在する場合
② 圧力が大気圧程度に高く，$pl>700\,\text{Pa·m}$（500 Torr·cm）の場合
③ 圧力が非常に低く（$p<0.01\,\text{Pa}$），$pl\ll 0.1\,\text{Pa·m}$（0.1 Torr·cm）の場合
④ 陰極加熱による熱電子放出や紫外線照射による光電子放出が，イオンによる2次電子放出を上回る場合
⑤ 直流放電ではなく，高周波放電やマイクロ波放電の場合

などである．そこで①，②，③のそれぞれの場合について説明した後に，高周波やマイクロ波を含む一般の場合の絶縁破壊条件について考えてみよう．

[1] 不均一電界におけるコロナ放電

タウンゼント理論は，図4・6(a)のように平行平板電極間に一様な電場がかかっていることを前提としている．この理論に従えば，1気圧の乾燥空気の場合には電極間隔1cmのときに約30kVで絶縁破壊することが予測され，実験でも確かめられている．しかし，同図(b)のように針電極と平板電極の間に電圧をかけると，同じ間隔でもずっと低い電圧で絶縁破壊が起きてしまう．同図(c)の同軸円筒電極の間に電圧をかける場合も同様である．その原因は，針の先端や同軸中心導体のまわりに電気力線が集中し，電場が強くなっているためである．その電場の強い所で局部的に電離が起こり，プラズマの発光も局所的に観測される．絶縁破壊後に流れる電流は微弱であり，短時間のパルス電流が繰り返して流れたり不安定であったりする．また，このような放電は**コロナ放電**と呼ばれ（詳細は5・4節参照），圧力の高いときに見られることが多い．

タウンゼントの第1係数αは電場Eの関数であるから（図4・2(b)参照），Eが位置xの関数であるとすれば，$\alpha(x)$と書ける．n個の電子が衝突電離をしながらdx進むとき電子の増加分は$dn = \alpha(x)ndx$であるから

$$\frac{dn}{dx} = \alpha(x)n \tag{4・12}$$

が成り立つ．コロナ放電が，局所的に$x=0$からlまでの間で起こるとすれば，式(4・12)を積分して$n = n_0 \exp\left(\int_0^l \alpha dx\right)$を得る．もし，電場が一定で$\alpha$が定数であるならば$n = n_0 e^{\alpha l}$となる．このことから，タウンゼントの火花条件式(4・8)の$e^{\alpha l}$の項が不均一電界の場合に積分形で置き換えられ，

$$\gamma\left\{\exp\left(\int_0^l \alpha dx\right) - 1\right\} = 1 \tag{4・13}$$

となる．これは一般化された火花条件式といえる．

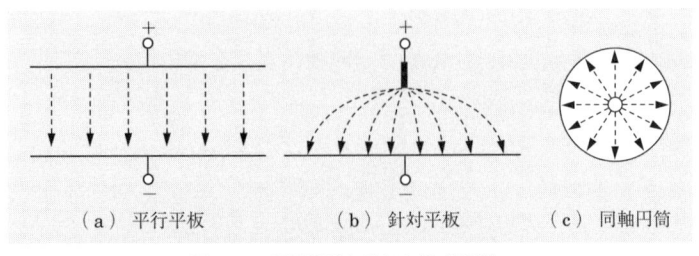

(a) 平行平板　　(b) 針対平板　　(c) 同軸円筒

図4・6 電極構造と電気力線（破線）

[2] 高圧力放電とストリーマ理論

圧力が高くてplの大きい領域（＞700 Pa・m）では，火花電圧はパッシェンの法則からずれてきて，低い電圧で絶縁破壊が起こる．すなわち，タウンゼント理論で説明することができない．その原因を探る鍵は，電圧を加えてから火花放電に至るまでの過渡現象に隠されている．まず第一に，放電遅れ時間が非常に短く（＜10^{-7}秒），電極間を電子が走る時間（電子走行時間）のオーダである．タウンゼントの考えでは，イオンが陰極をたたいて2次電子を放出することが必要であるから，放電遅れ時間はイオンの走行時間（＞10^{-5}秒）のオーダになるはずである．第二に，火花放電直前の瞬間写真を見ると，電極間に数本の細い光の筋（**ストリーマ**；streamer）が写っている．タウンゼントのモデルでは，電場中で一様に電離が進展するはずであり，ストリーマのような2次元的構造を説明することができない．

ミーク（Meak）とロエブ（Loeb）はこのような高圧力領域の現象を説明する**ストリーマ理論**を提案した（囲み記事参照）．これは基本的にγ作用を全く必要とせず，α作用と光電離作用および空間電荷電界を考慮した理論である．すなわち，偶存電子をタネとして，α作用によって1本の電子なだれが陽極に向かって伸びる．このとき，イオンは重いので発生した位置に止まっており，電子群はなだれ頭部に集中している．したがって，電子なだれの周囲には強い空間電荷電界ができる．この電界が，電子なだれのまわりに光電離で生じた電子を加速して，多くの小さな電子なだれをつくる．この2次的ななだれで生じた電子が，1次なだれの残留イオンの中に吸収されてプラズマ柱（ストリーマ）を形成し，これが進展していき陰極に到達したときに放電が起こる．この理論は，高圧力領域の火花放電をうまく説明している．

[3] 真空に近いときの放電

容器内の圧力pが10^{-3}Pa以下のような真空に近い条件では，気体分子の密度が低いので，電子の平均自由行程λが電極間隔lよりはるかに長くなり，電子が電離を起こすことはほとんどなくなる．パッシェンの法則に従えば，plが非常に小さいので（例えば，$pl<10^{-4}$Pa・m），図4・4からわかるように火花電圧は異常に高くなるはずである．しかし，実験をしてみるとその予想よりかなり低い電圧で破壊する．その要因として次のことがあげられる．第一に，電子やイオンが電

ストリーマによる絶縁破壊[2]

　大気圧のような高圧力領域の放電開始現象は、タウンゼント理論では説明がつかない。そこでミーク、ロエブらは、ストリーマ (streamer) という新しい考え方を1993年に導入し、火花電圧や放電遅れ時間、電極間に走る数本の細い光の筋などを説明することに成功した。下図をもとにその考え方を説明しよう。図 (a) のように、陰極付近の偶存電子がタネとなり、外部電界E_0で加速されて電離・増殖を繰り返して電子なだれが陽極に向かって進む。その先頭を走る電子は非常に速い ($\approx 2 \times 10^5$ m/s) が、電離で生まれたイオンは重いのでほとんど静止していると考えてよい。電子なだれの先端が陽極に接触すると、電子は吸収されてイオンのみが取り残される。その正の空間電荷がつくる電界E_rが外部電界E_0程度に大きいとき ($E_r \gtreqqless E_0$)、図 (b) のように、光電離で生まれた電子をタネとする小さな電子なだれが多数発生する。そのなだれ頭部の電子は正イオンの群れの中に吸収されてプラズマ状態となる。このプラズマ（内部電場$E \approx 0$）は導電性なので陽極電圧とほぼ等しい電位であり、プラズマ先端部の電界が強まり、図 (c) のように小さな電子なだれをつくりながら陰極に向かってプラズマ領域が伸びていく。そして最終的に図 (d) のように、細いプラズマ柱（これをストリーマと呼ぶ）が陽極と陰極をショートし、電極間に放電電流が流れ出す。

　このストリーマ理論では、タウンゼント理論のようにイオンが電極間を走って陰極から2次電子を出す必要がなく、基本的に電子走行時間程度の遅れで放電が開始することになり、放電遅れ時間が短いという観測結果をうまく説明できる。また、電極間に走る光の筋はストリーマそのものであることがわかる。上述のように、ストリーマに進展するための条件は$E_r \gtreqqless E_0$であることから、ミークは電子なだれ頭部を球形と近似して、その半径と空間電荷電界E_rを電離と拡散を考慮して求めた。その結果から火花電圧を計算すると、例えば1気圧の空気中で電極間隔が1cmの場合に32.2kVとなり、実測値31.6kVとよい一致を示す。

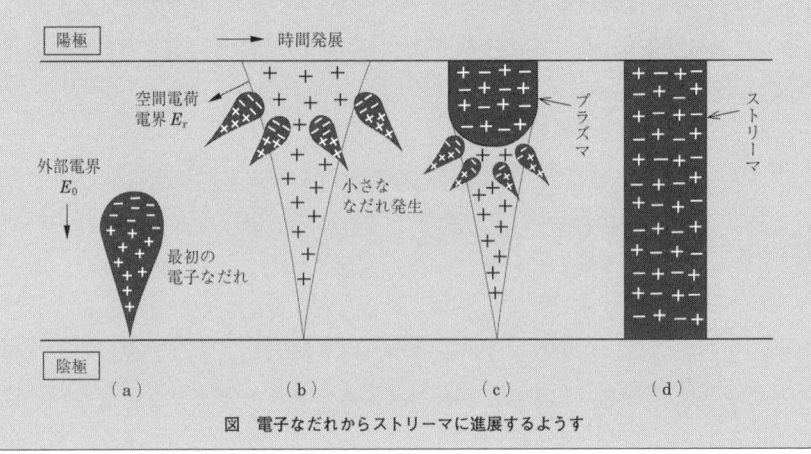

図　電子なだれからストリーマに進展するようす

極に衝突した結果，その表面に吸着していた気体分子が脱離するため，破壊直前の容器内の圧力が初めの設定値よりも実際には上昇している．第二に，電子が高エネルギーで分子に衝突した結果，紫外線が発生し，その紫外線が陰極から光電子放出を引き起こす．第三の可能性として，陰極表面の電界が非常に強くなり，トンネル効果による電界放出（冷電子放出）によって多量の電子が陰極表面から出ることがあげられる．

[4] 高周波・マイクロ波による絶縁破壊

　これまでは，直流放電の開始について説明してきた．プラズマプロセスにおいては直流より高周波やマイクロ波を使うことが多い．そこで，真空中において角周波数ωの電圧$V(t) = V_0 \cos \omega t = \text{Re}\,[V_0 e^{i\omega t}]$を，間隔$l$の平行板電極に加える場合を考えよう．電圧を距離で割れば電場になるのでその振幅を$E_0 = V_0/l$とおけば，電極間の電場は$E(t) = \text{Re}\,[E_0 e^{i\omega t}]$と書ける．この電場の中で運動する質量$m$，電荷$q$の粒子の速度を$v(t) = \text{Re}\,[v_0 e^{i\omega t}]$と書くとき，その複素振幅$v_0$は衝突周波数を$\nu$とすれば，2章の式(2·5)より

$$v_0 = \frac{q}{m(\nu + i\omega)} E_0 \tag{4·14}$$

が成り立つ．これに$E_0 = V_0/l$を代入すると

$$v_0 = \frac{q}{m(\nu l + i\omega l)} V_0 \tag{4·15}$$

を得る．高周波電圧V_0を大きくしていくと，電子やイオンの速度v_0がそれぞれある値を超えるとき火花放電が起こる．すなわち，電子による電離増殖が可能となり，イオン衝突による電極からの2次電子放出が十分大きければ放電が起こる．衝突周波数νは圧力pに比例するので$\nu l \propto pl$である．したがって式(4·15)から火花電圧V_s（放電が起こる瞬間のV_0の値）は，plとωlを独立変数とする関数として

$$V_\text{s} = F(pl, \omega l) \tag{4·16}$$

と表せる．これは，直流放電に対するパッシェンの法則，式(4·11)を高周波へ拡張した形になっている．

　さて，速度$v = dx/dt$を時間について積分すると位置$x(t) = \text{Re}\,[x_0 e^{i\omega t}]$が得られるから，その複素振幅$x_0$は式(4·15)から

$$x_0 = \frac{v_0}{i\omega} = \frac{q}{i\omega(\nu + i\omega)} \frac{V_0}{ml} \tag{4·17}$$

となる．x_0 の絶対値 $|x_0|$ は，粒子が高周波電場で x 方向に揺さぶられる振幅であり

$$|x_0| = \frac{e}{\omega\sqrt{\nu^2+\omega^2}}\frac{V_0}{ml} \qquad (4\cdot18)$$

となる．この式から，粒子の運動の振幅は質量に反比例し，周波数が高いほど小さくなることがわかる．

図 4・7 は，平均自由行程 λ が間隔 l より十分小さいときの荷電粒子の運動の軌跡を描いたものである．ω が低いときは振幅 $|x_0| \gg l$ であり，図中の上の軌跡のようにイオンは半サイクルごとに電極をたたいて2次電子を出すので，本質的に直流放電の場合と同じである．しかし，ω が高くなってくると式 (4・18) から，まずイオンについて

$$2|x_0| < l \qquad (4\cdot19)$$

となって，図の下の軌跡のように，2枚の電極の間にイオンが捕捉されるようになる．その結果，電極間に直流的な正の空間電荷が発生し，これが電場を強めるので放電開始電圧

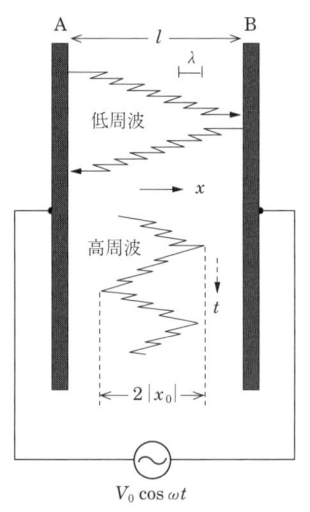

図 4・7 交流電界中の荷電粒子の軌跡

V_s が下がる．さらに周波数を上げていくと，質量の小さい電子まで捕捉されるようになり，電子が長時間滞在するので電離確率が増えて V_s が低下する．

電子が電極間に捕捉されているとき，2章の式 (2・7) で $q = -e$ とおいて，電子1個が吸収するパワーは

$$P_{\text{abs}} = \frac{e^2 E_0^2}{2m}\frac{\nu}{\nu^2+\omega^2} \qquad (4\cdot20)$$

となる．この式から，無衝突（$\nu=0$）のとき，電子は単振動するのみでパワーを吸収しないこと（$P_{\text{abs}}=0$），および衝突が非常に多いとき（$\nu\to\infty$）にも電子の速度が上がらず，パワー吸収が小さいことがわかる．試しに電場 E_0 を一定にして圧力を変えてみよう．圧力と ν は比例するので，式 (4・20) を ν で微分すると，$\nu = \omega$ のときに $dP_{\text{abs}}/d\nu = 0$ となる．したがって，電子に入る高周波パワーは電場 E_0 が同じであれば

$$\nu = \omega \qquad (4\cdot21)$$

のときに最大となり，エネルギーの高い電子が多くなるので放電が起こりやすい．

真空に近いときには，直流放電と同様に高周波放電も起こりにくい．しかし，電極間隔lと角周波数ωがある条件を満たすとき，共鳴的に低い電圧で放電が起こる**マルチパクタ放電**（multipacta discharge）という現象がある．その条件は，電極からの2次電子放出率γが1より大きいことと，電子が電極間を走るのに要する時間（電子走行時間）が高周波の周期の半分にほぼ等しいこと，の二つである．この放電機構は次のように説明される．図4·7の上の軌跡のように（ただし，真空に近いので$\lambda \gg l$），電極Aを出発した電子が電場で加速されて半周期後に電極Bに衝突する．そのとき放出された電子は，電圧の極性が反転しているので左向きに加速され，半周期後に電極Aに衝突して再び2次電子を放出させる．$\gamma > 1$であれば時間とともに電子の数は増大し，中性粒子との衝突電離も起こって放電が開始する．上記の電子走行時間と周波数の間の条件は，電子の振動振幅$|x_0|$で書けば$2|x_0| \fallingdotseq l$と同じであるから，式 (4·18) で$\nu = 0$とおくことにより

$$\omega l \fallingdotseq \sqrt{\frac{2eV_0}{m_e}} \qquad (4 \cdot 22)$$

が得られる．厳密には初期位相を考慮したもっと正確な計算が必要であるが，おおよそこの式を満足するようなω, l, V_0のときにマルチパクタ放電が起こる．

最後にマイクロ波放電の開始について調べてみよう．簡単のために放電容器を一辺の長さlの立方体の金属容器とし，その中にマイクロ波の定在波が立っているとする（マイクロ波空胴共振器という）．周波数が非常に高いので式 (4·19) が成り立ち，電子もイオンも空間にトラップされるのでそれらが容器壁をたたいて2次電子を出すこともない．このようなことから，電離で発生した電子は主として拡散によって失われることになる．容器内の電子の平均密度を$\bar{n}$とすれば，壁（$x \fallingdotseq l/2$）付近の密度勾配（$\partial n_e / \partial x$）は$\bar{n}/(l/2)$の程度であるから，一つの壁へのフラックスは

$$\Gamma = -D_e \partial n_e / \partial x \fallingdotseq (2/l) D_e \bar{n} \qquad (4 \cdot 23)$$

とおける．容器の表面積は$6l^2$だから，全体として1秒当たりに失われる電子の個数をLとすれば，$L = 6l^2 \Gamma \fallingdotseq 12 l D_e \bar{n}$である．

一方，体積l^3の容器内に全部で$\bar{n} l^3$個の電子があって，1個の電子が毎秒ν_1回電離を起こすことから，1秒当たりに発生する電子の個数をGとすれば，$G = \nu_1 \bar{n} l^3$となる．放電が開始する条件は，1秒当たりの発生量Gが消滅量Lを上回る（$G \geqq$

L）ことであるから

$$\nu_\mathrm{I} \bar{n} l^3 \geq 12 l D_\mathrm{e} \bar{n}$$

となる．これを整理して $\tau = (l/\sqrt{12})^2/D_\mathrm{e}$ とおけば

$$\nu_\mathrm{I} \geq 1/\tau \tag{4・24}$$

を得る．τ は電子が拡散して失われるまでの平均寿命であり，1秒当たりの電離回数 ν_I が拡散消滅レート（$1/\tau$）より大きいことが火花条件式となっている．より正確な計算では $\tau = (l/\pi)^2/D_\mathrm{e}$ と与えられる（演習問題 問4）．

演習問題

問1 タウンゼントの火花条件式を示し，その物理的意味を述べよ．

問2 パッシェンの法則によると，一定圧力のもとに電極間隔を変化させると火花電圧は極小値をもつ．その理由をわかりやすく説明せよ．

問3 タウンゼント理論が成立しない五つの例をあげよ．

問4 一辺 l の立方体の中の電子の拡散時間は $\tau = (l/\pi)^2/D_\mathrm{e}$ であることを示せ．

5章 プラズマのつくり方 I.
―直流放電―

　本章では，プラズマをつくる方法のうち，最も基本的で古くから用いられている直流放電について学ぶ．時間的に変化しない直流の電圧を加えてプラズマをつくる方法であり，高圧力から低圧力まで種々の放電モードがある．

① いろいろな放電法と放電のモード

[1] 直流放電の方法

　直流放電では，電極に加える電圧の極性は時間的に一定であり，正電位側は陽極，負電位側は陰極と呼ばれている．プラズマの発生と維持は主として陰極前面のシースにおける電子の加速とプラズマ中のジュール加熱によって行われる．最も簡単で基本的な放電法は，**図5・1**(a)に示すように容器中に2枚の電極板を設置し，この間に直流電圧を印加する方法である．このとき陰極は，次に示す例のように加熱したりしないので，冷陰極と呼んで区別する．この放電は，プラズマからイオンが加速されて陰極面に衝突したときに出る2次電子によって維持される．この2次電子の量が少ないので，陰極前面のシースには強い電場が必要とな

(a) 冷陰極　　(b) 直熱形熱陰極

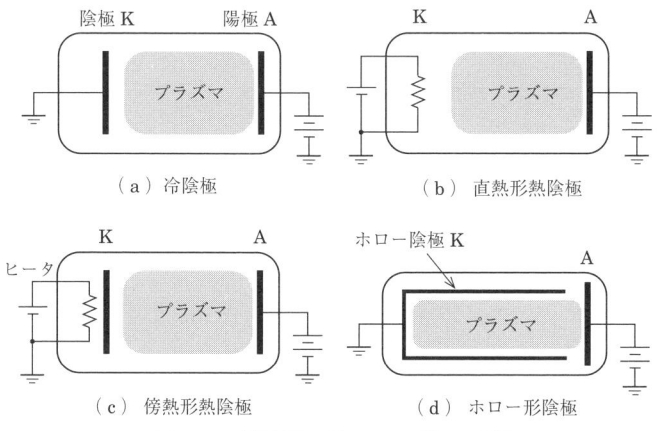

(c) 傍熱形熱陰極　　(d) ホロー形陰極

図5・1　直流放電に用いられる種々の陰極

り，放電電圧は数百V以上に達する．

　陰極での電子の放出量を多くすれば放電の開始・維持も容易になり，印加電圧が下がり電流が増えると期待される．そのための最も簡単な方法は，図(b)のようにタングステンなどの融点の高い金属を2500℃程度に加熱して，熱電子を放出させる直熱形熱陰極を用いる方法である．陰極面に仕事関数の小さい物質（BaO, LaB_6など）を用いると，低温（900～1500℃）でも多くの熱電子が得られる．例えば，図(c)のようにBaOなどを塗った陰極を間接的に背面から加熱する傍熱形熱陰極がよく用いられる．このような**熱陰極放電**の場合，加熱を行わない**冷陰極放電**に比べると0.1Paのような低圧力でも放電が維持でき，電流密度が何桁も増える．また，放電電圧は電離電圧くらいまで下がったり，ペニング効果（28ページ）が強いときは電離電圧の1/3～1/5に下がることもある．

　また，図(d)に示すように，片端が閉じて他端が開いた直径1cm程度の細い円筒のホロー（hollow）形の電極を陰極として用いると，電流密度が増えて高密度のプラズマが得られる．これを**ホロー陰極放電**と呼び，次のような機構で電離効率が高くなる．ホロー陰極からイオン衝撃で放出された2次電子は，シースによって半径方向に加速され，その平均自由行程λ_eが円筒の直径dより長いときに反対側の陰極面に近づく．もし，シースの厚さd_cが$d_c \leq d/2$であれば，陰極前面のシース内で運動エネルギーを失って電子は反射され，もとの陰極面に向かって加速される．すなわち，ポテンシャルの井戸の中に高エネルギー電子が閉じ込められるのでその寿命が長くなり，電離回数が増えてプラズマ密度が高くなる．陽極はその電子を吸収する働きをするので，ホロー陰極効果を強めるにはプラズマをできるだけ広い陰極で覆い，陽極の面積を小さくすることが重要である．

　1Pa以下のような低圧力では平均自由行程が長くなり，電離衝突の機会も減少するのでプラズマの生成・維持は困難になる．これを可能にする方法として，前述のホロー形陰極の使用をあげることができるが，磁場を用いる方法も有効である．その一つは**PIG放電**であり，10^{-4}Paまで圧力を下げることができ，真空ポンプ（スパッタイオンポンプ）にも応用されている．この名称のPIG（Penning ionization gauge）は，ペニングが発明した冷陰極電離真空計の原理からきている．実際の放電装置の例を**図5・2**に示す．ソレノイドコイルに電流を流して円筒状陽極の軸方向に磁場（0.05～0.2T）を加える．陰極は軸方向の両端におかれ，イオンがこれをたたいて2次電子を放出させる．発生した2次電子はシースで加速さ

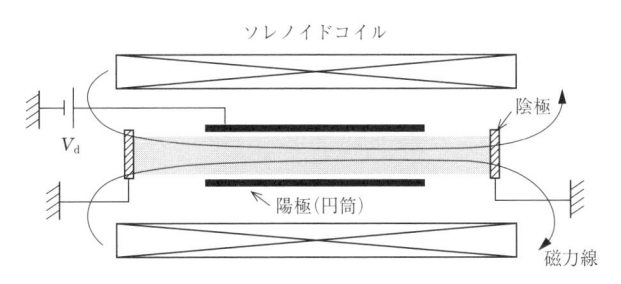

図 5・2　非常に低い圧力で動作する PIG 放電

れてから磁力線に沿って走り，対向する陰極面に近づくと，そこのシースで反射される．すなわち，電子は2枚の陰極の間のポテンシャルの井戸によって磁力線方向にトラップされている．一方，半径方向に磁場を横切って陽極まで拡散する電子の損失は，磁場によって強く抑制されている（3章演習問題 問3）．したがって，高エネルギー電子の寿命が長くなり，低圧力でもプラズマを維持することが可能になる．

　磁場を利用するもう一つの方法は**マグネトロン放電**である．これについては5・5節で詳しく述べるが，陰極面から出た2次電子が磁場に捕捉されて $E \times B$ ドリフトをするので，その寿命が長くなる．このほかに，**表面磁場**を用いる方法も有効である（囲み記事参照）．

[2]　直流放電のモード

　最も標準的な図5・1（a）のタイプの直流放電は古くから研究されており，1 Torr（133 Pa）程度の圧力で電極間の電圧 V と電流 I の関係を測定すると，**図5・3**のようになる．電圧を上げていくと電流が増えていき，同図の点ⓐから点ⓑに至る．この間は微弱な電流（暗流という）が不安定に流れ，持続的に電流が続く「放電」とはまだ呼べない状態である．点ⓑを過ぎて電流が急増しタウンゼント放電にいたり，点ⓒでいわゆる放電が点火する．このときの電圧が4・2節で述べた火花電圧（放電開始電圧）である．

　点ⓒで放電が始まると，電流が増えて電圧が下がる領域ⓒ～ⓓ（前期グローという）に入る．このような負性抵抗（$dV/dI < 0$）は，プラズマ密度が増えてプラズマの抵抗（V/I）が小さくなるために起こる．さらに電流を増やしていくと，電圧が一定の領域ⓓ～ⓔ（正規グローという）に入る．この定電圧特性は，電流

表面磁場によるプラズマの閉じ込め[注]

放電容器の壁にそって多数の永久磁石を並べることにより，壁表面に局在する磁場（表面磁場または多極磁場という）を形成すると，放電プラズマの低圧力化，高密度化，均一化を図ることができる．下の左図は，円筒容器の外側に棒磁石（$B_0 \fallingdotseq 0.1\,\mathrm{T}$）のN極とS極を交互に並べた断面図を示している．図中の磁力線の形からわかるように，いわゆるラインカスプと呼ばれる磁場がNとSの対ごとにできている．この磁場の強さは，磁石の表面から遠ざかると急に弱くなり，容器壁から1cm以内の距離の範囲に磁場が集中しており，プラズマ内部のほとんどは無磁場と考えてよい．また，この磁場は電子に対して効果的であるが，質量の大きいイオンはラーモア半径が大きくほとんど直線運動をし，イオンには磁場が効かない．

磁場のないプラズマ中心部から電子が拡散してきて壁付近に到達すると，そこにある表面磁場によって次のような閉じ込め効果が起こる．ラインカスプに向かって進んだ電子が，磁気ミラー効果（2章演習問題 問4）によって反射され中心部へ戻されるのが第一の効果である．一方，中心部から表面磁場を見ると，ラインカスプ部の磁力線は半径方向を向いているが，それ以外の多くの部分は方位角方向を向いている．したがって，半径方向に流出しようとする電子は磁力線をほぼ垂直に横切らなければならず，電子の拡散は強く抑制される（3章演習問題 問3）．これが第二の効果である．第三の効果は，壁の近くのシースによって電子が静電的に反射されることがあげられる（必ずしも表面磁場のためとはいえず，一般的な効果であるが）．以上の三つの効果があいまって，容器表面で電子の損失が強く抑制され，その結果，中心部のプラズマ密度が上昇し，その分布も均一化される．

この表面磁場の効果は，金属容器を接地した陽極とし熱陰極（フィラメント）に負電圧を加える直流放電で最初に示された．下の右図のように磁場の効果は低圧力ほど顕著に現れる．上述のように，直流放電に限らず高周波やマイクロ波の放電においても，表面磁場はプラズマの高密度化，均一化，低圧力化を促進する有効な手段である．

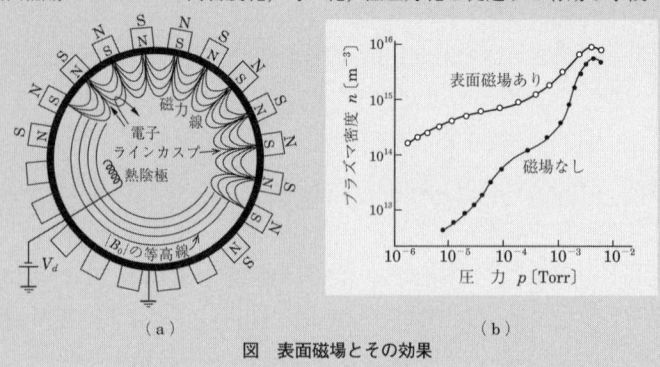

図 表面磁場とその効果

[注] M. Moisan and J. Pelletier (eds.)：Microwave Excited Plasma, Elsevier (1992), Chapter 9-12.

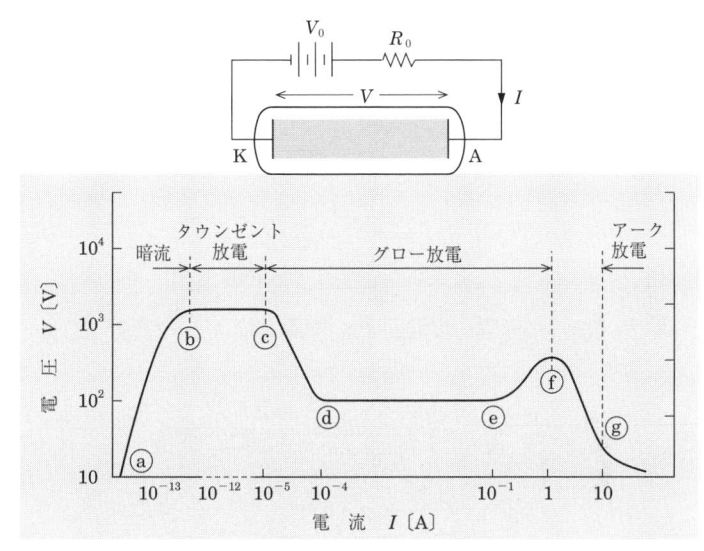

図 5・3　低圧直流放電の電圧-電流特性と放電モード

密度 j が一定で面積 A が増えることにより，全電流 $I = Aj$ が増えることからきている．しかし，電流が陰極面積全体に流れる点ⓔを過ぎると，電流密度 j が増えることにより全電流が増加する領域ⓔ～ⓕ（異常グローという）に入る．

　このように放電が開始した点ⓒから点ⓕまでを，プラズマが輝いて見えるのでグロー（glow；輝く）という言葉を用い，**グロー放電**という．さらに，電流を増すと電圧 V が電離電圧近くまで低下して点ⓖにいたり，アーク放電が起こる．このグローからアーク（arc）への遷移については 5・3 節 [1] で説明する．

② グロー放電でつくる低温プラズマ

　直流放電の一つの形態としてグロー放電と呼ばれるモードがあり，電圧-電流特性によって前期グロー，正規グローおよび異常グローに分けられることを前に述べた．このグロー放電でつくられるプラズマは，電子温度がイオン温度に比べて高い状態（熱的に非平衡な状態）にあり，低温プラズマとも呼ばれる．最近の半導体プロセスに用いられる高周波放電も，明るく光るようすや圧力，プラズマ密度も似ていることから，（RF）グロー放電と呼ぶことがある．この節では直流グロー放電について，その放電のようすや維持機構などについて説明する．

[1] 放電のようす

　典型的には**図5・4**(a)に示すように，直径1cm程度，長さ数十cmのガラス管の中に圧力約1Torr（133Pa）の例えばネオンガスを封入し，冷陰極と陽極の間に直流電圧を加える．電圧を上げていくと，数百V程度で管内が明るくなり電流が流れて正規グローの放電状態になる．そのとき陰極から陽極までの発光強度の分布を示したのが同図(b)である．まず，陰極面から負グローに至る陰極領域は，アストン暗部，陰極グロー，陰極暗部に区別できるが，それぞれの部分の長さは短く発光も弱い．陰極-陽極間の距離があまり長くないとき，印加電圧（V_a）の大

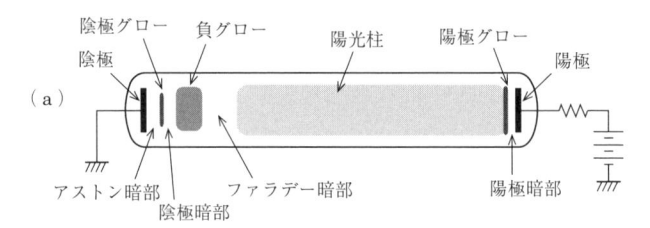

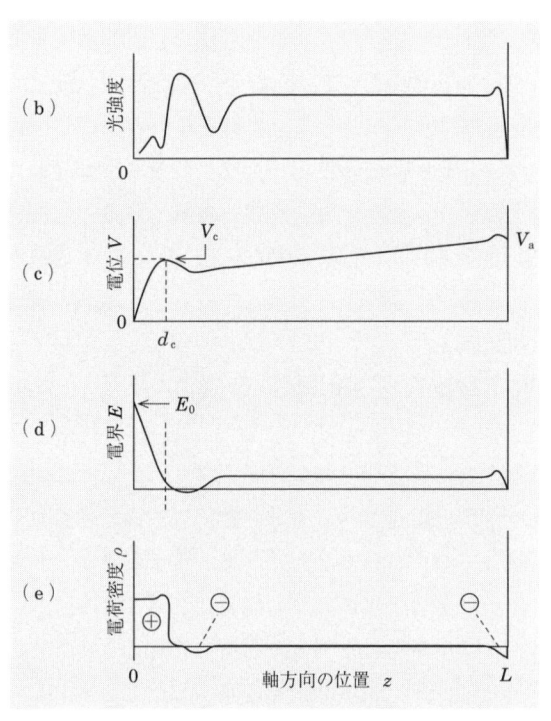

図5・4　直流グロー放電の軸方向の変化

部分がこの領域にかかる．この電圧降下は陰極降下電圧 (V_c) と呼ばれている．陰極面から負グローまでの長さd_cは，ほぼ次式で与えられる．

$$pd_c \fallingdotseq (pd)_{\min} \qquad (5\cdot1)$$

ここに $(pd)_{\min}$ は，図4・4のパッシェン曲線の谷（極小火花電圧）を与えるplの値である．陰極降下電圧V_cで加速されたイオンは，陰極面に衝突して2次電子放出を起こす．その2次電子が陰極領域の強い電場で加速され，電離電圧以上のエネルギーを得るまでの長さがd_cである．また，陰極領域は，負グローから正イオンが入射するが電子は入れないので，同図 (e) に示すように正の空間電荷で満たされている．

図5・4 (b) に示すように，放電管全体の中で一番輝いている部分が負グローである．この部分は電場が最も小さく，上述の陰極領域で加速された2次電子によってガス分子の励起および電離が非常に多く起こっている．これらの非弾性衝突によって高エネルギー電子は大部分のエネルギーを失う．また，負グローの領域は，空間電荷密度ρがほぼ0のプラズマ状態となっている．ファラデー暗部は，負グローにおける非弾性衝突でエネルギーを失い低速になった電子によって形成される．電子密度が少し過剰となり，負の空間電荷をもつ領域で電場は弱い．

陽光柱の部分は準中性 ($\rho \fallingdotseq 0$) のプラズマであり，軸方向電場は放電ガスによって多少異なるが数百V/mである．電子はこの電場からエネルギーを得て，ガス分子との非弾性衝突と管壁での再結合でエネルギーを失う．電子密度は$10^{15} \sim 10^{16}\,\mathrm{m}^{-3}$で電子温度は数eVである．陽光柱は一様なグローであるが，電離に伴う不安定波動である電離波（移動縞）が発生していることが多い．陽光柱の陽極側の端は少し発光強度が強くなることがあり，これを陽極グローと呼ぶ．さらに，陽極に近い部分は電子の加速領域を形成して，陽極暗部または陽極シースとも呼ばれている．

[2] 陰極領域の粒子加速と放電維持

直流放電の陰極から負グローの境界までの電場の強い部分（陰極領域）は陰極シースとも呼ばれる．この陰極シースの厚さをd_cとすれば，図5・4 (d) に示したように，シース内の電場Eは陰極からの距離zに対してきれいに直線的に減少するので

$$E(z) = E_0 \left(1 - \frac{z}{d_c}\right) \qquad (5\cdot2)$$

と表すことができる．ここに，E_0は陰極面の電場である．上式をzで積分すると電位$V(z)$が得られる．$z=d_c$で電位がV_cであるとすれば，$E_0=2V_c/d_c$と定まり，電位分布は次式となる（演習問題 問1）．

$$V(z) = V_c \left(\frac{z}{d_c}\right)\left(2-\frac{z}{d_c}\right) \tag{5・3}$$

これは上に凸の放物線の式であり，図5・4（c）の実験結果と合う．

負グローのプラズマから流れてきた正イオンは，シース電場で加速されて陰極に衝突し，2次電子放出を起こす（γ作用）．この2次電子はシース電場により陽極側に加速され，高エネルギーの電子ビームとなり電離を引き起こす（α作用）．すなわち，シース電場のもとでα作用とγ作用によって維持されているのがグロー放電である．その定量的議論としてエンゲル・スティーンベック（Engel-Steenbeck）の理論があるが，本質的にはα作用とγ作用を考えるタウンゼント理論と同じである．すなわち，4章の火花条件式（4・8）を電場が不均一な場合に拡張して，$e^{\alpha l}$の項を$\exp\left[\int_0^{d_c}\alpha dz\right]$と置き換えて，グロー放電の維持条件としている．この置換は，$d_c \gg \lambda_e$（電子の平均自由行程）であるような衝突の多いシースのときに正しいが，実際はこの不等式があまり成り立たない．また，この理論は実験結果である式（5・2）を前提としており，これを導出しているわけではない．式（5・3）をポアソンの方程式に代入すると，図5・4（e）と同じように，一様な正イオン密度が得られる．しかし，単にグロー領域からイオンが加速されてくるとすれば，フラックスの連続から陰極に近づくほど正イオン密度が減ることになり，矛盾が生じる．このように陰極シースは複雑であり，十分に解明されたとはいえない．

[3] 陽光柱の密度分布とエネルギーバランス

負グローは，陰極シースの強い電場で加速されて入射してくる電子によって電離・維持されている．これに対して陽光柱は，その中にある軸方向電場による電子のジュール加熱によって維持される．陽光柱の中の正イオンと電子は，両極性拡散に従って等量ずつ壁へ流出して消滅する．定常状態における半径aの無限に長い円筒陽光柱を考えると，プラズマの密度分布は3章の式（3・44）で与えられる．すなわち，半径方向の分布は図3・5に実線で示したように零次ベッセル関数で与えられ，$r=a$で$n=0$という境界条件から3章の式（3・45）が導かれ

$$\sqrt{\frac{\nu_\mathrm{I}}{D_\mathrm{a}}} = \frac{2.41}{a} \tag{5・4}$$

が成り立つ.電子に対してマクスウェル分布を仮定して電子温度を定義にすると,上式の左辺のD_aとν_Iは電子温度の関数となるから,その関数形が得られればT_eを決定することができる(3・6節参照).

まずν_Iについては,中性粒子密度n_nと電離の速度定数k_izを用いて,$\nu_\mathrm{I} = n_\mathrm{n} k_\mathrm{iz}$と書ける.さらに$k_\mathrm{iz}$の値として電離断面積を直線近似して得られた3章の式(3・66)を用い,n_nは圧力pに比例することと,ほとんどの場合に$1 \gg 2\kappa T_\mathrm{e}/(eV_\mathrm{I})$が成り立つことから次式となる.

$$\nu_\mathrm{I} \propto p\sqrt{\kappa T_\mathrm{e}}\, e^{-eV_\mathrm{I}/\kappa T_\mathrm{e}} \tag{5・5}$$

一方,D_aについては$T_\mathrm{e} \gg T_\mathrm{i}$のとき3章の演習問題 問2より,$D_\mathrm{a} = \mu_\mathrm{i}(\kappa T_\mathrm{e}/e) \propto \kappa T_\mathrm{e}/p$である.これらの関係を式(5・4)に代入すると

$$(pa)^2 \propto \sqrt{\kappa T_\mathrm{e}}\, e^{-eV_\mathrm{I}/\kappa T_\mathrm{e}} \tag{5・6}$$

となる.この式から,T_eはpaとともに低くなることがわかる.ヘリウム放電の場合の詳しい理論計算の例を**図5・5**に示す.

陽光柱では直流電場によるジュール加熱によって電子がパワーを吸収する.電場Eによる電子のドリフト速度u_dは,2章の式(2・3)と3章の式(3・29)より$u_\mathrm{d} = \mu_\mathrm{e} E$である.電流密度は$e n_\mathrm{e} u_\mathrm{d}$と与えられ,陽光柱の単位長にかかる電圧は

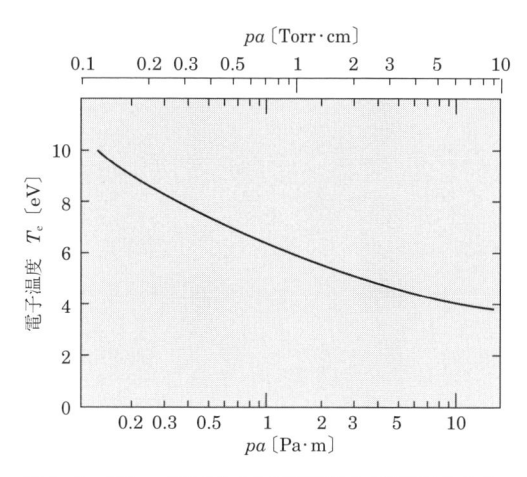

図5・5 圧力pが高くなると電子温度T_eが下がるようす.半径aのヘリウム陽光柱の計算例.

E〔V〕であるから,単位体積当たりに電子が吸収するパワーは$P_{\mathrm{abs}}=en_{\mathrm{e}}u_{\mathrm{d}}E$である.一方,陽光柱におけるパワーの損失過程としては,弾性衝突や電離,励起および管壁での荷電粒子の再結合などがある(3・6節参照).このうち主なものを弾性衝突による損失$n_{\mathrm{e}}(2m_{\mathrm{e}}/m_{\mathrm{i}})\nu_{\mathrm{e}}(3\kappa T_{\mathrm{e}}/2)$と,非弾性衝突の中の電離に伴う損失$eV_{\mathrm{I}}\nu_{\mathrm{I}}n_{\mathrm{e}}$とすると,エネルギーバランスから,次式を得る.

$$en_{\mathrm{e}}u_{\mathrm{d}}E = \frac{3m_{\mathrm{e}}}{m_{\mathrm{i}}}\nu_{\mathrm{e}}n_{\mathrm{e}}\kappa T_{\mathrm{e}} + eV_{\mathrm{I}}\nu_{\mathrm{I}}n_{\mathrm{e}} \tag{5・7}$$

[4] 種々の条件のグロー放電

圧力1 Torr(133 Pa)程度の直流グロー放電のようすを描いたのが図5・4であったが,このガス圧を下げていくと,陰極領域の長さd_{c}が伸びてその分陽光柱は短くなる.圧力がかなり下がると最終的に陽光柱は消失し,放電管のほとんどを負グローが占める.すなわち,図5・4(c)の状態から4章の図4・1の状態に移る.このような**低圧力グロー**では,pd_{c}の値がパッシェンの法則の極小値を与える$(pd)_{\mathrm{min}}$より小さくなっており,放電を維持するためにシースにかかる電圧V_{c}が高くなり電場も強くなっている.図4・1のような負グローが主体となる放電としてはほかに,低圧力の熱陰極DC放電(図5・1(b),(c))やプロセスに多く用いられる平行平板形RF放電(図6・3)がある.

一方,圧力を1 Torr(133 Pa)から上げていくと上と逆のことが起こり,負グ

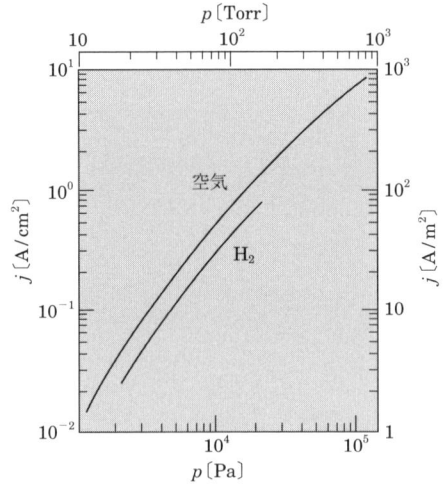

図5・6 高圧力グロー放電の電流密度jと圧力pの関係

ローとその両側の暗部が縮小し，陽光柱が広がってくる．このようなグロー放電は通常100 Torr（13.3 kPa）以下で見られる現象である．1気圧程度の高圧力でグロー放電を維持することは可能であるが，外部回路のパラメータを注意して選び，陰極を強く冷却してアーク放電に移らないようにしなければならない．このような**高圧力グロー**も，最近プロセスに応用されるようになり，重要性が再認識されている．直流高圧力グローで電極間距離が長いとき，低圧力グロー放電と同様に陰極付近では，陰極シース領域，負グロー，ファラデー暗部が見られる．圧力が高いため，粒子間の平行自由行程が短く，陽光柱は管中央に集中する．また，集中した陽光柱は管内を振動して不安定になることもある．参考までに，陰極に銅を用いたときの放電電流密度 j と圧力 p の関係を**図5·6**に示す．j は，比較的低圧では p^2 に比例し，高圧では $p^{4/3}$ に比例する．

③ アーク放電でつくる熱プラズマ

　図5·3の電圧-電流特性に示したように，点⑤を超えて電流を増やすと，グロー放電からアーク放電のモードに移る．グロー放電が約200 Vで0.5 A程度の電流が流れるのに対し，アーク放電ではガスの電離電圧程度（≒20 V）の電圧で30 Aもの大電流が流れる．このほかにも圧力や陰極の状態により，種々の形態の低電圧・大電流のアーク放電がある．いずれもグロー放電とは比較にならない大電流が流れるので，グロー放電のような陰極からの2次電子放出とは異なる，それよりももっと効率の良い次のような電子放出機構が働いていると考えられる．
① プラズマからの熱負荷によって陰極が高温になり，熱電子放出が起こる．
② 外部から人為的に陰極を高温に加熱して，熱電子放出を起こす．
③ 陰極面の強い電場に基づくトンネル効果により，冷電子放出（電界放出）が起こる．

上記②の熱陰極を用いたアークについては，図5·1の (b), (c) ですでに述べたので，ここでは，①と③について具体例をあげて説明する．

[1] グロー放電からアーク放電への転移

　すでに述べたように，図5·3の点⑤から点⑨の間でグロー放電からアーク放電に移行する．この部分の電圧-電流特性を拡大し（同じ放電条件ではないが），さ

らにタングステン陰極の温度Tを測定した値も同時に示したのが**図5・7**である．陰極材料とその温度Tが与えられると，よく知られたリチャードソン・ダッシュマンの式（Richardson-Dushman equation）から飽和熱電子放出電流i_tが計算できる．図にはi_tを放電電流Iで割った値も示している．図の点ⓕでは，$I=0.03\,\mathrm{A}$，$T \fallingdotseq 2100\,\mathrm{K}$，$i_t/I \fallingdotseq 0$であり，熱電子放出は小さくて2次電子放出により放電電流が流れるグロー放電の状態にある．しかし，電流が増えると多くのイオンが高エネルギーで陰極に衝突するのでその温度が上がり，点ⓖの$I=0.15\,\mathrm{A}$では$T=2700\,\mathrm{K}$の赤熱状態となる．このとき$i_t/I=1$であることから，放電電流は熱電子によって補給されており，この点ⓖからアーク放電に移行したとみなすことができる．

熱電子放出により等価的に2次電子放出が増えたと考えて，その効果を組み入れた実効的な2次電子放出率γ'を定義する．さらに，電流Iと陰極降下電圧V_cの積に相当するパワーで加熱されている陰極からの熱損失が，すべて放射熱で失われると仮定して陰極温度が求まる．このような計算から得られた陰極降下電圧V_cの理論値を図5・7に破線で示してあり，実際の放電電圧Vとよく似た変化を示すことがわかる．

さて，グロー放電から転移してアーク放電に移ったとき，放電電圧Vと電流Iはどこに落ち着くかを**図5・8**で考えてみよう．電源電圧V_0から直列抵抗R_0を流れる電流Iの電圧降下を差し引いて，電極間の電圧は$V=V_0-R_0I$と与えられる．一方，電極間のプラズマの電圧-電流特性を$V=f(I)$と表せば，動作点のV, Iは

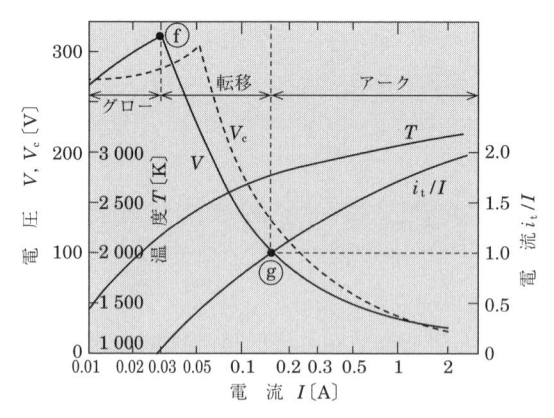

図5・7　グローからアークに移るときの電圧-電流特性と陰極温度

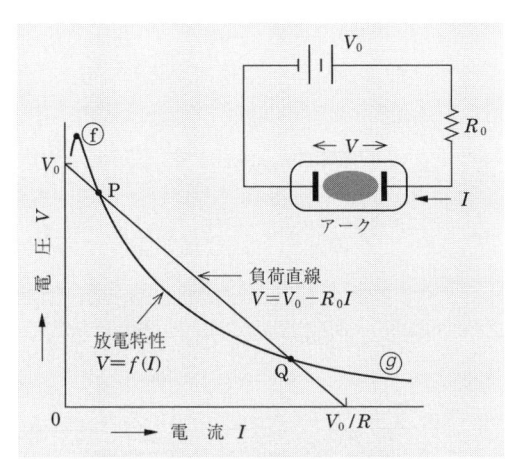

図5・8 アーク放電の動作点と放電回路

これら二つの式を同時に満たすはずである．すなわち，図5・8の例では，負荷直線と放電特性曲線との交点P，Qが動作点となる．しかし，この二つの解のうち，次のようなことから点Pではなく点Qで実際に動作することがわかる．すなわち点Pにおいて電流がΔI増えたとすると，放電部の電圧降下$(dV/dI)\Delta I$は抵抗による電圧降下$R_0\Delta I$より大きい．この差を埋めようとして，ますます電流を流すようになるので，点Pからどんどん離れる．一方，点Qはその逆で常にQに戻ろうとする．すなわち，点Pは不安定であり，安定な点Qが実際の動作点となる．したがって，放電電流（電圧）を設定するときは以上のことを考慮してV_0とR_0の値を適当に選ぶ必要がある．

[2] 電界放出によるアーク放電

陰極が冷たい状態であっても，そこに局所的に強い電場がかかるとトンネル効果によって陰極から大量の電子が放出される．例えば，陰極表面が汚れて絶縁性の薄い膜がつくと，膜表面に正イオンがたまって陽極電圧に近いような高電位になり，強い電場が発生して電界放出が起こる．プラズマ電位が100 V以上と高い場合，接地されたプラズマ容器の表面が汚れてくると，容器内面に多数の輝点が点滅する状態が現れ，放電全体が不安定になることがある．この輝点は，上記の電界放出により発生したマイクロアークと考えられる．

電界放出に基づくアークと考えられる典型例は，水銀アークである．これは，

水銀（液体）を陰極としてその蒸気を電離し，低い電圧で数千Aも流せる放電である．放電しているときに銀色の水銀の液体表面を見ると，白色に輝く点が動き回っている．これは陰極輝点（cathode spot）と呼ばれるもので，すべての電流がそこに集中している．この輝点は$0.1\,\mu m$程度の厚さの陰極暗部をもち，その間に$10\,V$程度の電圧がかかって電界放出が起こっていると考えられている．しかし，この電場ではまだ不十分という説もあり，詳細は未解決といえる．銅の融点は$1083\,°C$であるので，熱電子放出を起こすほど高温になれない．しかし，銅電極の場合にも大電流の流れるアーク放電が起こる．この場合にも電界放出が作用していると考えられる．

[3] 高圧力におけるアーク放電

圧力が$10\,Torr$（$1.33\,kPa$）程度より低いアークの場合，グロー放電のように電子温度T_eがイオン温度T_iや中性分子の温度T_nに比べて高い．しかし，$100\,Torr$（$13.3\,kPa$）を超えるくらいの高圧力になると，粒子間の衝突が激しく起こってエネルギー交換が進むため，これらの温度はほぼ等しく$T_e \fallingdotseq T_i \fallingdotseq T_n$となり，熱プラズマが生成される．また，粒子の分布関数はマクスウェル分布に限りなく近づく．この状態を局所熱平衡（local thermal equilibrium；LTE）という．参考のために，放電圧力を変えたときの温度T_eとT_n（$\leqq T_i$）の変化のようすを**図5・9**に示す．

高圧力アークは上述のように局所熱平衡状態にあるので，プラズマをイオンと電子に分けないで一つの流体とみなす一流体モデルのほうが便利であり，熱伝導も考慮した方程式系で記述される．このアーク放電の生成・維持機構は，いわゆ

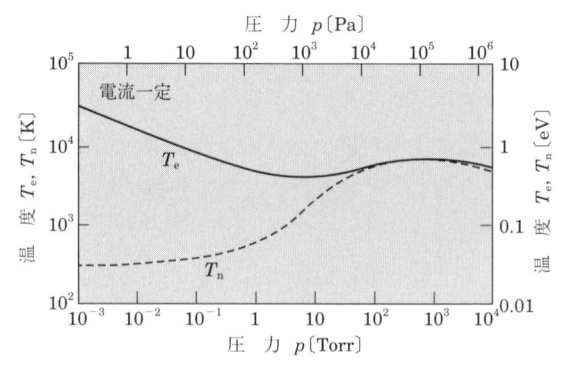

図5・9 圧力が高くなると電子温度T_eが下がってガス温度T_nが上昇し，熱平衡状態に近づく．

る**熱電離**によって説明されている．すなわち，電子 (e) や正イオン (M^+) は電場から得たエネルギーを中性分子 (M) に与え，高温 ($T \fallingdotseq 10^4 K$) の局所熱平衡状態を維持する．高温なので，電子だけでなくイオンおよび中性分子も電離衝突を起こす．また，圧力が高くプラズマの密度が高いので，容器壁での表面再結合による損失よりも，気相中の電子とイオンの再結合による損失が重要となる．このような電離と再結合のバランスを化学反応の平衡の形で表すと

$$M \rightleftarrows M^+ + e^- \tag{5・8}$$

となる．この式の右向きの電離の反応レートは，3章の式 (3・66) と同様に温度 T と電離電圧 V_I に対し指数関数的に変化し，左向きの再結合の反応レートはイオン密度 n_i と電子密度 n_e の積に比例する．サハは，この平衡状態を厳密に考察して次の関係式を得た．

$$\frac{n_e n_i}{n_0} = \frac{(2\pi m_e \kappa T)^{3/2}}{h^3} \frac{2g_1}{g_0} e^{-eV_I/\kappa T} \tag{5・9}$$

ここで，n_0 は中性分子密度，h はプランク定数，g_0 と g_i は基底準位と電離準位の統計的重みで，たいていの場合 $g_i/g_0 \fallingdotseq 1$ である．

サハの式 (5・9) を用いてプラズマの電離度を求めてみよう．温度 T の熱電離プラズマの電子，イオン，中性分子の密度をおのおの n_e, n_i, n_0 とすれば，プラズマの電気的中性の条件から $n_e = n_i$ である．電離する前の中性分子の密度は $(n_0 + n_e)$ であったはずなので，それが電離された割合，すなわち電離度 x は $x = n_e/(n_0 + n_e)$ と与えられる．この定義と，全圧力が $p = \kappa T(n_e + n_i + n_0)$ であることを用いて式 (5・9) を簡単化すると，次式を得る．

$$\frac{x^2}{1-x^2} p = 5.0 \times 10^{-4} T^{5/2} e^{-(eV_I/\kappa T)} \tag{5・10}$$

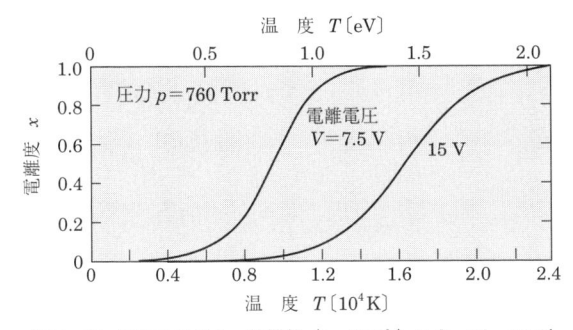

図5・10 高圧力の場合，熱電離 (1〜2万度) によって，100%電離に近いプラズマができる．

ここに，pの単位はTorr，Tの単位はKで与えている．この式から具体的に，1気圧（760Torr）における熱電離プラズマの電離度xと温度Tの関係を，電離電圧$V_{\mathrm{I}} = 7.5\,\mathrm{V}$と$15\,\mathrm{V}$の場合に計算した例が**図5・10**である．高圧力アークは温度が1～2万度にもなるので，図からわかるように，ガスの種類（電離電圧）にもよるが，電離度は数％を超える強電離の高密度プラズマとなる．一方，夜空に輝く星の温度は数百万度以上もあるので，宇宙の物質の99.9％以上がプラズマ状態にあることがサハの式から計算される．

　アークに対する最近の説明の一例を紹介しよう．陰極のごく近傍には陰極シースの薄い層（$\approx \lambda_{\mathrm{D}}$；デバイ長）を含む陰極領域が形成され，この領域の電圧降下V_cは約$10\,\mathrm{V}$程度である．陰極領域からアーク柱にかけて，アークと外側の中性気体との強い相互作用による陰極ジェットが形成される．このジェットは時として陽極までも到達し，陽極への熱輸送を増加させる．アーク柱の温度分布はほぼ均一である．陽極領域は薄い陽極シースを含み，陽極の電圧降下の大部分はこのシースにかかる．陽極領域の電圧降下はV_cよりやや小さい．また，陽極領域に近いアーク柱でも，陰極側よりも少し弱い陽極ジェットと呼ばれるジェットがある．陰極での電子放出がアーク柱の維持に重要な役割をしており，比較的電流の小さいときは熱電子放出が，大電流アークでは電界放出が主な機構である．陰極では，電流の集中が起こり，小さい面積の部分の数個所で非常に強い光を発するスポットが出現する．アーク柱での荷電粒子密度は電流に依存するが，$10^{20} \sim 10^{25}\,\mathrm{m}^{-3}$となる．

　大気圧における直流アークは，ジェット状にプラズマが吹き出すことから，**プラズマトーチ**またはプラズマジェットと呼ばれている．この熱プラズマが工業的に最もよく利用されている分野は，プラズマ溶射（プラズマスプレイ）による材料表面のコーティングと，都市ごみや産業廃棄物のプラズマ溶融処理である．前者は**図5・11**(a)のように，アークプラズマの中にコーティング用の粉体（金属やセラミックス）を混入させ，高温のプラズマで溶融させてアークジェットで吹き飛ばして基材表面をコーティングするものである．このプラズマ溶射は，飛行機のジェットエンジンなどに応用されている．一方，後者の環境保全技術への応用については7・4節[3]で詳述するが，アークの発生法は図5・11(b)のように水冷した円筒電極を陽極として，加熱対象物を入れた接地陰極との間にアークを飛ばす方式をとっている．このほかに高圧力アークの応用として，金属のアーク溶

(a) プラズマ溶射　　　　(b) プラズマ溶解

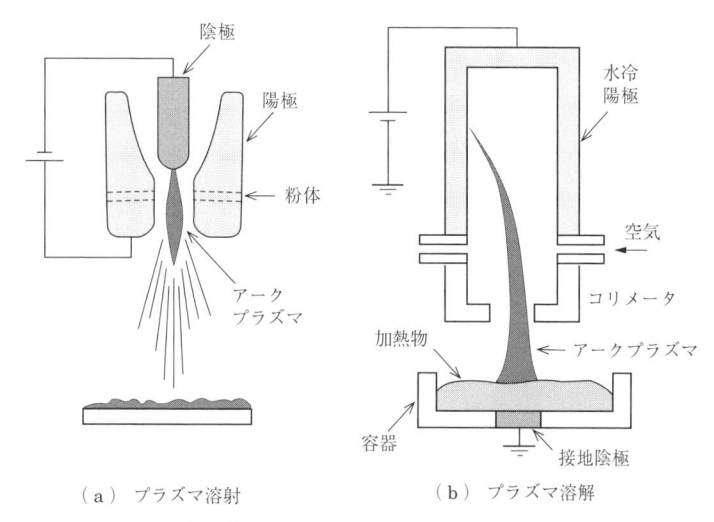

図5・11　直流プラズマトーチによるプラズマ溶射とプラズマ溶解

接・切断が古くから行われている．また，製鉄産業では鉄を含んだスクラップを溶融し，鉄鋼素材として，リサイクルさせるためにアークが大規模に利用されている．大量の鉄を溶融させるために，150 MVAの三相交流アークを3本の炭素棒を用いて発生させている．

④ コロナ放電でつくる高圧力の低温プラズマ

[1] コロナ放電の特性

電極のまわりの電場が著しく不均一で圧力が高い場合，コロナ放電と呼ばれる微弱な不安定放電が起こることを4・4節[1]で述べた．その典型的な例は，**図5・12**に示すように，接地した広い平板電極に対向する針状の電極に正電圧を加えた空気中の大気圧コロナ放電である．電極間隔を数cmとして印加電圧を約2000 Vに上げると，針の先端が薄い光の膜で覆われてくる〔同図(a)〕．このとき，電流間には数 µA程度のわずかな電流が流れており，**グローコロナ**（膜状コロナ）と呼ばれる．さらに電圧を高くすると，針の先端から平板に向かって長くのびた形の発光部が現れ〔同図(b)〕，**ブラシコロナ**と呼ばれる．肉眼では判断できないが，このコロナ放電は不安定な点滅状態にある．その一つの放電パルスの電流波形を調べると，立ち上がりが速く幅の短いパルス状の電流が繰り返されて

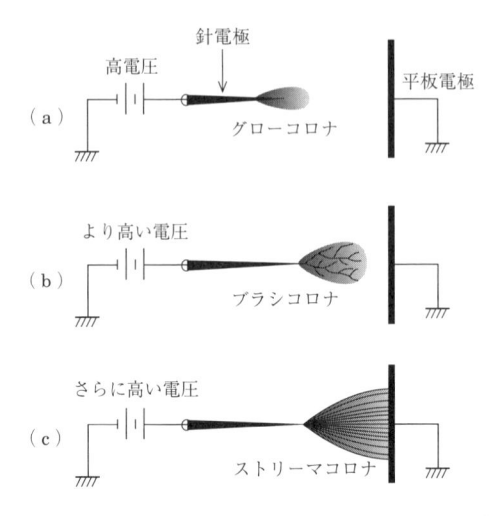

図 5・12 大気圧中の針状電極に正の高電圧をかけたときに発生する
コロナ放電のようす．

いることがわかる（パルス幅，繰返し周期とも約 $1\mu s$）．電圧をさらに上げると，針の先端からのびた発光部は平板電極までつながり，多くの糸状の発光部に分かれて，それらが別々に点滅を繰り返す．このような状態のコロナを**ストリーマコロナ**〔払子（ほっす）コロナ〕と呼んでいる（ストリーマについては，4章の囲み記事参照）．

　上述のように針を正極としたとき，電圧の増加とともにいろいろな放電形状を示しながら，最終的に大きな電流が安定に流れる火花放電（スパーク）の状態に至る．印加電圧の極性を反転して針に負電圧を加えた場合の負コロナは，上述の正コロナと少し異なり，放電電圧による形態の明瞭な変化は見えない．この負コロナは，おおよそストリーマコロナと類似しているが，電流の点滅は少なくグロー的な性質をもつ．負コロナは主に分子の電子衝突電離によって，正コロナは光電離によって進展すると考えられている．

［2］　コロナ放電の安定化と大面積化

　上で述べたように，コロナ放電は極めて狭い領域（～数mm）に起こり，不安定であってストリーマからアークに飛んでしまうことも多い．応用の立場から見ると，コロナは大気圧において非熱平衡プラズマをつくれるので魅力的であり，

実用上は放電を安定化して大面積化することが必要である．その一つの方法として，ns〜μsの速い立ち上がりの短いパルス電圧を印加する短パルスコロナがある．このように速い立ち上がり電圧では，重いイオンを加速することがなく，温度上昇を起こさない軽い電子のみを加速し，スパーク開始電圧まで上昇しないような波形の電圧を加えている．工業的にはプラズマディスプレイ（7・3節参照）などに応用されている．一方，オゾン生成（7・4節 [2] 参照），自動車の排気ガス処理，紫外線光源などに広く応用されている方法は，**誘電体バリヤ放電**である（オゾナイザ放電あるいは無声放電ともいう）．これは後述の7章の図7・10のように金属電極の表面に誘電体板（石英ガラスなど）をバリヤ（barrier；防壁）としておいて交流高電圧（50Hz〜10kHz）を印加するものであり，スパークを発生しない安定なストリーマコロナを大面積で発生させることができる．すなわち，放電電流が運んでくる電荷が誘電体表面に局所的にたまってくると，それが逆電界を形成するので，スパークを起こして放電が集中してしまうのを避けることができる．この種の放電にときどきヘリウムをキャリヤガスとして用いるのは，ヘリウムの熱伝導性が良いことと放電開始電圧が低下することなどによる．このようにしてつくられるプラズマを高圧力グローと呼ぶこともある．

⑤ マグネトロン放電のしくみ

平板状陰極の面に平行に磁場をかけて放電させるのが，マグネトロン放電である．このようにして生成されたプラズマを**直流マグネトロンプラズマ**と呼ぶ．実例として，円板状陰極の背面にドーナツ状の永久磁石をおいて磁場をかけるマグネトロンスパッタリング装置の断面を**図5・13**に示す．典型的には圧力≒5mTorr（アルゴン）において，電圧$V_d ≒ 600$Vで20mA/cm^{2}程度の高電流密度の放電が得られる．このとき陰極面上に，数mmの薄い暗部をへだてて，明るく輝くドーナツ状の高密度プラズマ（≒10^{18}m^{-3}）が生成される．このドーナツの大半径R（≒4cm）は磁力線の形状でほぼ決まるが，ドーナツの厚さaは半径Rの位置の磁場（≒200G）と加速電圧V_dによって2章の式（2・10）から決まる電子のラーモア半径（$\rho_e ≒ 0.5$cm）程度になる．なお，イオンは重くてラーモア半径が大きいので，磁場が効かないと考えてよい．

このように低い圧力でも高密度のプラズマが生成されるのは，次のような2次

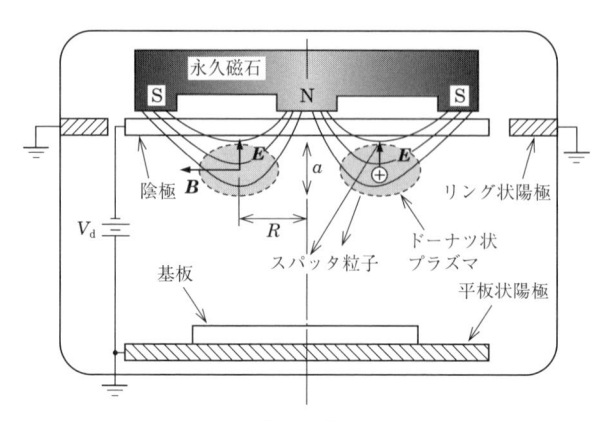

図 5・13 直流マグネトロン放電

電子の $E \times B$ ドリフトによる周回運動の効果（マグネトロン効果）による．プラズマ内の正イオンは陰極暗部の電圧降下で加速されて陰極面をたたき，そこから2次電子を放出させる．この2次電子は暗部の電場で加速されて eV_d（例えば600 eV）程度の高いエネルギーを得る．この高エネルギー電子は，無磁場では電極間の距離だけ走って陽極に吸収されて消滅するので，その寿命は短く電離効率が悪い．しかし，マグネトロン放電では図5・13に示したように陰極面に平行に磁場があるので，2次電子は陰極面上を $E \times B$ ドリフトをしながらサイクロイドを描いて（2章の図2・4の実線），ドーナツに沿う方位角方向にぐるぐる周回する．その結果，2次電子が最終的に陽極に吸われて消滅するまでの寿命が長くなり，数多くの電離を起こしてドーナツ状の高密度プラズマができる．なお，陽極は電子を捕集して電流を流す働きをするだけなので，陰極と対向させて平板状陽極をおく方式のほかに，図5・13のようにリング状の陽極面を陰極面と同じ平面上におく方式もよく用いられている．

このマグネトロンプラズマは，電流密度が高く，600 eV もの高エネルギーでイオンが陰極をたたくので，陰極材料を高速でスパッタする．低圧力なのでスパッタされた粒子の平均自由行程が長く，図5・13のように陰極に対向しておかれた基板上にスパッタ粒子を捕集して薄膜を堆積させることができる．このようなことから，マグネトロン方式の放電は，スパッタリングによる種々の薄膜の形成に標準的に用いられている．例えば，Al，W，Ti などの金属薄膜や酸化膜，窒化膜などの形成に広く利用されている．直流マグネトロンプラズマは直流電流を流す

必要があるので，陰極材料（スパッタ材料）は導電性でなければならない．そこで，絶縁性の薄膜のスパッタ製膜やエッチングには，**RFマグネトロンプラズマ**が用いられる．すなわち，陰極にRF電圧をフローティングの状態で印加すると正イオンのチャージアップが打ち消され，陰極表面には直流の自己バイアス電圧が発生する（6·2節 [3] 参照）．この電圧によってイオンが加速され，絶縁性の陰極材料もスパッタすることが可能になる．

演習問題

問1 陰極領域で電場Eが式 (5·2) で与えられたとき，この領域の電位分布$V(z)$は式 (5·3) となることを示せ．また，この領域内の空間電荷密度が一定であることを示せ．

問2 圧力27 Pa，半径5 mmのヘリウム陽光柱の電子温度が$\kappa T_e = 8$ eVであった．$\mu_e = 5 \times 10^5$ [m^2/(V·s)]，$\mu_i = 0.92$ [m^2/(V·s)] としてD_a，ν_Iを求めよ．また，パワーバランスから電場Eを求め，放電電流$I_d = 10$ mAのとき電子密度n_eを求めよ．

6章 プラズマのつくり方 II. —高周波放電, マイクロ波放電—

メタンなどのガスを用いて直流放電を行うと,電極に絶縁性の薄膜が堆積して電流が流れにくくなり,ついには放電が停止することもある.直流の代わりに,電波法で工業的に割り当てられている 13.56 MHz の高周波や 2.45 GHz のマイクロ波を用いて放電すると,このようなガスの場合にも安定にプラズマを維持できる.したがって,直流放電よりも高周波放電やマイクロ波放電を使うプラズマ応用のほうが多い.本章では,その放電方法について基礎的な考え方を述べる.

1 プラズマ生成とアンテナ結合の考え方[1]

実際にプラズマを応用しようとするとき,その用途に最も適したプラズマをまず選ぶ必要がある.プラズマの熱を利用するような用途には,高圧力アークのような密度の高い熱プラズマが望ましい.プラズマの化学反応を利用する薄膜の堆積やエッチングには,比較的低い圧力の低温プラズマが適している.後者の典型的な例である LSI 作製プロセス(7・1 節参照)の場合には,超微細・大面積・高速プロセスを実現するために,低圧力($\fallingdotseq 1\,\mathrm{Pa}$)・大口径($\fallingdotseq 0.4\,\mathrm{m}$)・高密度($\fallingdotseq 10^{17}\,\mathrm{m}^{-3}$)のプラズマが必要である.これら三つの条件を同時に満たしたプラズマをつくることは容易でない.例えば,圧力を下げたり大口径にしたりするとプラズマ密度は減ってしまう.では,どのようにすれば上の 3 条件を同時に達成できるだろうか.

一般に,密度 n の定常プラズマにおいては拡散による損失レート($-D_a \partial^2 n/\partial x^2$)と電離による生成レート($\nu_\mathrm{I} n$)がバランスしている.ここで,圧力を p とすれば低温プラズマ($T_e \gg T_i$)の両極性拡散係数は $D_a \fallingdotseq \mu_i (\kappa T_e/e) \propto T_e/p$ である.したがって,圧力が低くなるほど T_e の上昇もあいまって D_a が大きくなり,拡散損失が増えるのでプラズマ密度は減る方向に働く.そのうえ,電離周波数 ν_I は p に比例するから低圧力になるほど電離生成レートが小さくなり,ますますプラズマ密度は減る方向に働く.このように,低圧力化とプラズマの高密度化を両立させ

ることは難しい.

そこで,3章の式 (3・68), (3・69) に基づいてパワーバランスを考えてみよう.放電パワー P_{abs} を上げることによりプラズマ密度(厳密にはシース端密度 n_s)が増えるので,電離生成が増えて拡散損失の増大を補うことができるようになる.しかし,放電パワーを上げても,そのパワーが電離生成に有効に使われなければプラズマ密度は増えない.例えば,直流グロー放電や後述の容量結合形RF放電では,電極とプラズマの間の電位差が大きく,イオンが電極に持ち去るパワー〔3章の式 (3・68) の ε_i に相当〕が大きいため,プラズマの高密度化は困難である.パワーバランスの式 (3・69) でいえば,放電パワー P_{abs} を大きくしても損失エネルギー ε_T が同時に増えてしまうので,プラズマ密度 (n_s) はそれほど増加しない.しかし,後述のように放電の仕方を変えて,コイルに高周波電流を流す方法(誘導結合プラズマ)や,プラズマに波を励起する方法(表面波プラズマ,ECRプラズマ,ヘリコン波プラズマ)を用いれば,プラズマと電極の間の電位差を低く保ったままで高パワーを供給できるので,低圧力でも高効率でプラズマを生成でき,高密度化が可能になる.

さて,高周波放電またはマイクロ波放電は外からアンテナ(電極)にパワーを送り,電磁界によって電子を加速してプラズマを維持している.そこでまず,真空中にあるアンテナのまわりの電磁界を調べると,三つの異なる成分からなることがわかる.例えば,**図6・1**のようにz軸に沿って電流 $Ie^{i\omega t}$ が流れている微小長さ dz のアンテナの場合,その中心を原点とする球座標 (r, θ, ϕ) を用いるとアンテナのまわりの電場の θ 成分の大きさは,

$$E_\theta = A \left\{ -\frac{1}{kr} + \frac{i}{(kr)^2} + \frac{1}{(kr)^3} \right\} \frac{Idz}{4\pi} \sin\theta \, e^{-ikr} \qquad (6・1)$$

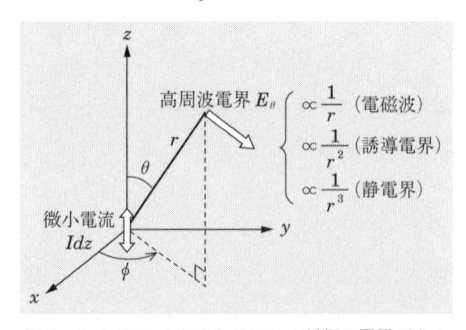

図6・1 アンテナのまわりには3種類の電界がある

となる[注1]．ここに，A は $=k^2\sqrt{\mu_0/\varepsilon_0}$，$k=\omega/c$ は波数，$c=1/\sqrt{\varepsilon_0\mu_0}$ は光速である．この式において右辺の括弧内は，アンテナからの距離 r に対して，r^{-1}，r^{-2}，r^{-3} に比例して減少する三つの項からなっている．アンテナから十分遠い所では，r^{-1} の項がほかの項より優勢であり，いわゆる電波（電磁波）を表している．これに対して，アンテナの近傍では r^{-2} の項（磁場の時間変化から発生する誘導電界）と r^{-3} の項（電荷により誘起される静電界）が優勢となる．また，これら三つの項は角周波数 ω に対して，それぞれ ω^{-1}，ω^{-2}，ω^{-3} に比例して変化するので，周波数が高くなるにつれて静電界（第3項）より誘導電界（第2項）が優勢になり，さらにマイクロ波帯になると電磁波成分（第1項）が優勢になってくる．

図6・2は，放電に用いられている3種類のアンテナ結合（放電電極の型）を示している．これらは，上に述べた3種類の電磁界成分のどれを主に用いるかに対応している．すなわち，同図 (a) の静電結合（容量結合ともいう）は主に静電界によって電子を加速し，同図 (b) の誘導結合は誘導電界を利用し，同図 (c) の電磁波結合は電磁波成分によってプラズマにエネルギーを供給している．これらのアンテナ結合によって生成されるプラズマは，同図 (a) のものは容量結合プラズマと呼ばれ，同図 (b) は無磁場のときに誘導結合プラズマと呼ばれ[注2]，有磁場のときヘリコン波プラズマと呼ばれる．同図 (c) は無磁場のとき表面波プラズマ，有磁場のときECRプラズマと呼ばれている．以下の節でそれぞれについて具体的に説明しよう．

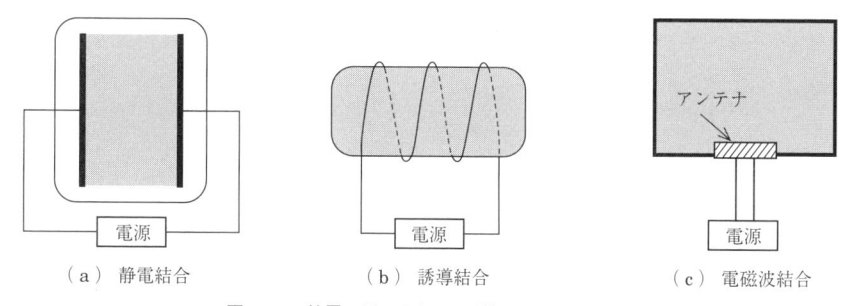

図6・2　放電に用いられる3種類のアンテナ結合方式

(a) 静電結合　　(b) 誘導結合　　(c) 電磁波結合

(注1)　牧本利夫，松尾幸人：マイクロ波工学の基礎，廣川書店 (1976), p.327.
(注2)　トカマクと呼ばれる核融合プラズマ装置は，基本的に変圧器の1次側に電流を流したときに生じる誘導電場を利用して，2次側にドーナツ状のプラズマを生成・加熱するものであり，一種の誘導結合プラズマといえる[2]．

② 平行板に RF 電圧をかける ―容量結合プラズマ―

[1] 高周波放電によるプラズマ生成

　薄膜の堆積やエッチングに最もよく使われるプラズマは，図 6・3 (a) のように，2 枚の平行平板電極（高周波印加電極 K，接地電極 A）に整合器（マッチングボックス，M.B.）と直流阻止コンデンサ（C_B）を通して，13.56 MHz の高周波パワーを加えるタイプのプラズマである．このプラズマ部分を誘電体とみなすと，平行平板形コンデンサ（キャパシタ）の形をしていることから，**容量結合プラズマ**（capacitively coupled plasma：CCP）と呼ばれる．典型的放電条件は，ガス圧 10～1 000 Pa，電極間隔 1～5 cm，高周波電力 20～200 W である．プラズマ密度は $10^{16}\,\mathrm{m}^{-3}$ 程度とあまり高くないが，簡単に大口径プラズマをつくれるのが特長である．放電の発光分布を見ると，低圧力では全体がほぼ均一に光っているが，圧力が高くなるにつれて中心部が暗くなってきて二つの電極の近くだけが光るようになる．本節 [3] で述べるように，RF を加える電極 K には直流の負電圧（自己バイアスという）が発生し，そのシースによって加速されて正イオンが電極 K に衝突する．このようなイオン衝撃が望ましいプロセスでは，基板を電極 K の上に置き，それを避けたいプロセスでは接地電極 A の上に基板を置く．この標準形の容量結合プラズマでは，放電パワーを変えるとイオン衝撃エネルギーばかりでなくフラックスも変化してしまう．それらを独立に制御するために図 6・3 (b) の 2 周波形が用いられることもある．この場合，上部電極には放電用の高周波

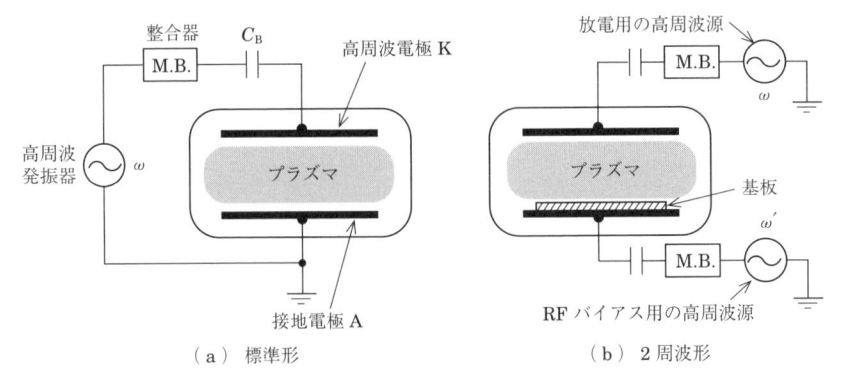

（a）標準形　　　　　　　　　　　　　　（b）2 周波形

図 6・3　平行板に RF 電圧をかけてつくる容量結合プラズマ

($\omega/2\pi = 13.56 \sim 60\,\mathrm{MHz}$) をかけてプラズマ密度を制御し，基板をおく下部電極にはより低い周波数の高周波（$\omega'/2\pi = 0.5 \sim 2.0\,\mathrm{MHz}$）をかけて自己バイアス電圧（したがって，イオン衝撃エネルギー）を制御する．一つの電極に二つの周波数 ω, ω' の高周波を同時にかけて，プラズマ密度とイオン衝撃エネルギーを制御する方式も用いられている．

　実際の放電では放電容器が接地されているため，実効的に接地電極Aの面積が高周波電極Kのそれより大きい非対称放電になり，交流電圧しか加えていないのに電極Kには負の直流電圧がひとりでに発生する．これを**自己バイアス電圧**と呼ぶ．放電のようすを模式的に描くと**図6・4**(a)のようであり，両電極の前面にはシースが形成されている．高周波電圧 $V_{\mathrm{RF}} \sin \omega t$ をコンデンサ C_{B} を介して電極Kにかけたとき，その電圧 $V_{\mathrm{K}}(t)$ の時間変化を同図(b)の左側に示している．自己バイアス電圧を $V_{\mathrm{DC}}\,(<0)$ とおけば近似的に $V_{\mathrm{K}}(t) = V_{\mathrm{DC}} + V_{\mathrm{RF}} \sin \omega t$ と書ける．

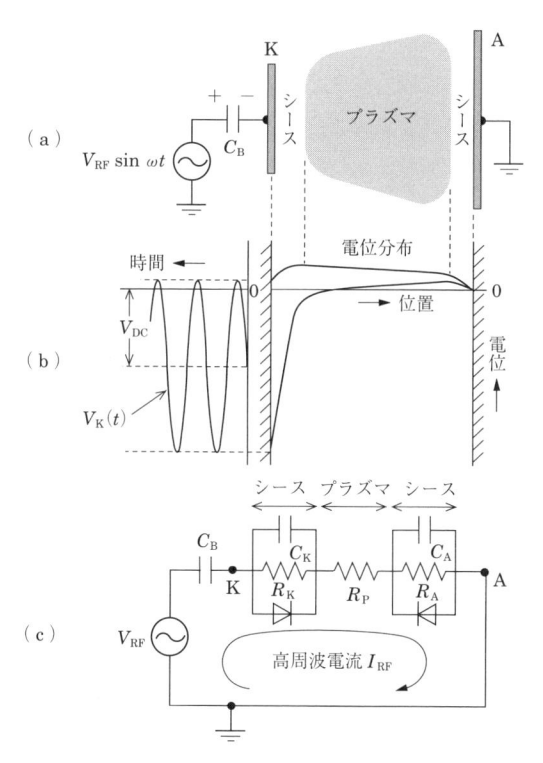

図6・4　平行平板形RF放電のしくみと等価回路

このような直流分が発生する原因はシースにあり，詳細は本節[3]で述べるが，シースがダイオードのように働いて整流作用を起こし，コンデンサC_Bを負に充電するためである．なお，同図(b)の電位分布を時間平均してみると，電極KとAはそれぞれ直流放電の陰極と陽極のように見える（4章の図4・1参照）．イオンは重いので速い変化に応答できず，時間平均した電位分布を感じて，自己バイアス電圧で加速されて電極Kをたたく．

図6・4(b)に，RF電圧の最大と最小の時刻における電極A, K間の電位分布を描いている．圧力があまり高くない場合，印加された高周波電圧のほとんどが電極Kのシースにかかり，プラズマ内にはわずかに電位勾配が発生するだけである．電極A, Kの前面のシース内の電位分布をみると，プラズマ側から両電極に向かうにつれて常に電位が下がることに気付くであろう．別の言い方をすれば「電極の電位はプラズマ電位より高くなることはない」といえる．電極がプラズマ電位より高くなると大量の電子が電極に流出してプラズマの電気的中性が破れてしまうので，そうならないようにシースの整流作用が働いて，プラズマ電位が上昇するのである．これらを考慮して，ダイオードと抵抗とコンデンサの並列接続によってシースを表し，プラズマを抵抗R_pで表して容量結合プラズマの等価回路を表したものが図6・4(c)である（より正確なプラズマのインピーダンスは演習問題 問4参照）．コンデンサC_Bのために直流電流は流れないが，本節[3]のように，回路図の点K（電極K）には直流電圧V_{DC}がかかっている．

容量結合形RF放電は，直流放電と違って電極に絶縁膜が堆積しても安定にプラズマを維持できるのが特長であることを最初に述べた．極端な例をあげれば，図6・4(a)の電極K（または同時に電極A）の上にガラス板をおいても放電を維持することができる．そのときガラス板はコンデンサC_Bと同じ働きをするのでC_Bを取り去ってもよい．一方，直流阻止コンデンサC_Bなしで金属電極KにRFを直接加えた場合は，電極Kの時間平均電圧（V_{DC}）は0であり，図6・4(b)の左側の電圧時間波形は接地電位を中心に対称に振れる．その結果，プラズマ電位はシースの整流作用によって瞬時の最大値が$+V_{RF}$程度まで上昇し，平均的にもその半分程度（〜数百V）となり，電極のスパッタリングや容器壁上にユニポーラアークが発生したりして放電は不安定となる．したがって，通常は阻止コンデンサを回路に入れるか，RF印加電極の表面を絶縁体で覆って放電を行う．

[2] 高周波パワーがプラズマに入るしくみ

　容量結合プラズマにおいては，外から加える高周波電界で電子を加速して電離を起こしている．そこで，電子が加速されて高周波パワーを吸収する機構を調べてみると，次の三つをあげることができる．
① プラズマ領域でのジュール加熱（α 放電）
② 電極からの2次電子放出（γ 放電）
③ シース振動による統計的加熱（フェルミ加速）

　①の機構は，前述の図6・4（c）の等価回路におけるプラズマの抵抗 R_p を高周波電流 I_RF が流れ，そこで発生するジュール熱（$R_\mathrm{p} I_\mathrm{RF}^2$）を電子がもらうことに対応している．なお，等価回路のシース抵抗 R_A，R_K は無衝突シースにおけるプラズマからのエネルギー損失を表すもので，そこからジュール熱が発生するという意味ではない．①の機構が重要となるのは，高圧力（$>100\,\mathrm{Pa}$）で電極間隔が5～10cmと長く，プラズマ領域の電位降下が大きい場合である．このとき電場で加速された電子は α 作用（電離増殖作用，4・1節参照）を繰り返しながらプラズマ中をドリフトするので，本質的に直流グロー放電の陽極柱の維持と同じであり，**α 放電**のモードと呼ばれる．多くの場合 α 放電は暗くて電子密度が低く（$n_\mathrm{e} \fallingdotseq 5 \times 10^{15}\,\mathrm{m}^{-3}$），電子温度が高い（$\kappa T_\mathrm{e} \fallingdotseq 4\,\mathrm{eV}$）．放電電流を増やし（$>5\,\mathrm{mA/cm^2}$）パワーを上げると（$>30\,\mathrm{mW/cm^2}$）②の **$\gamma$ 放電**のモードにジャンプし，電子温度が1eV程度に下がり明るい高密度プラズマ（$n_\mathrm{e} > 4 \times 10^{16}\,\mathrm{m}^{-3}$）となる[3]．

　圧力を40Pa程度より低くすると α 放電は見られず，初めから γ 放電となる．すなわち，正イオンがシースで加速されて電極に衝突したときに出た2次電子が強いシース電界で加速され，高エネルギービームとなってプラズマ領域に飛び込む．イオンがRF電場に追随できるような1MHz以下の低周波放電は，γ 作用による直流グロー放電と基本的に同じである．13.56MHzのような高周波では，イオンは瞬時電界に応答することはできず，時間平均された電場で加速される．したがって，イオンは等価的に直流電圧 V_DC をもつ直流シースで加速されて電極に衝突するとみなせる（詳細は次節参照）．

　圧力が低く放電パワーが小さいときは，γ 放電ではなくて③の無衝突の統計的加熱に基づく放電モードが現れる．その電子加熱は，シースの厚さが放電周波数で振動することから起こる．例えば，**図 6・5** (a) のように電極Aを接地して同一面積の電極Kに高周波電圧 $V_\mathrm{RF} \sin \omega t$ を加える対称放電を考えると，自己バイア

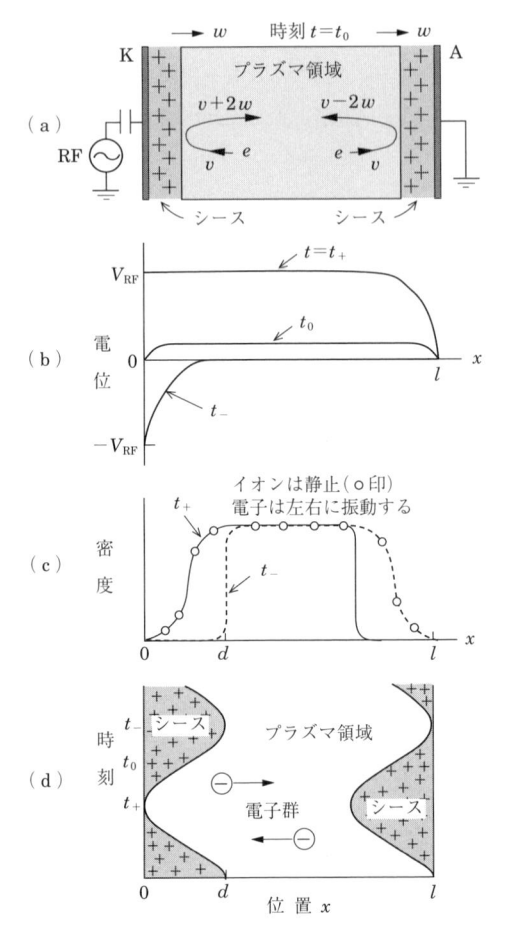

図 6・5 RF 電圧に応答して電子群が左右に動き，シースの厚さが伸縮するためにフェルミ加速が起こる．

ス電圧は0である（次項参照）．この場合，電極Kの電圧が，時刻 $t=t_+$ のときに $+V_{RF}$，$t=t_0$ のときに0，$t=t_-$ のときに $-V_{RF}$ であるとすれば，電極間の電位分布はおおよそ同図 (b) のようになる．ここで，プラズマ内の電位降下は無視して等電位としている．イオンは重いので高周波に追随できずに静止しており，電子だけが動くと考えて運動方程式とポアソンの式を解き，密度分布を計算する．その結果，同図 (c) の丸印のように，イオンは時刻によらず左右対称に分布している．一方，電子はシース電界で揺さぶられるため，その密度分布は同図の実線（$t=t_+$）と破線（$t=t_-$）のように変化する．その結果，時刻 t_- においては，電

極Kの前面における $0 < x < d$ の領域は正イオンが電子より多い状態（イオンシース）となっており，$x > d$ の領域は正イオンと電子の密度が等しいプラズマ状態になっている．逆に時刻 t_+ においては，電極Aの前面にイオンシースが現れる．したがって，両電極のまわりのシースの厚さは同図 (d) のように高周波で振動していることがわかる[4]．

このようにシースの厚さが振動するとき，次のようにして電子の統計的加熱が起こる．初めに図4・5の定常状態の直流シースを考えると，電子はシースの壁で反射され，入射時と同じ運動エネルギーでプラズマに戻ってくる．しかし，高周波シースの場合は，前述のようにポテンシャルの壁が動くので，シースに入射した電子がプラズマに戻ってくるときに加速されたり，減速されたりする．例えば，図6・5 (a) の左側のように，速度 w で広がってくるシースに，速度 v で飛び込む電子は $2w$ だけ速くなって反射される．これは，w に向かってくる壁に剛体球が v で正面衝突したときに $(v+2w)$ で反射され，w で去っていく壁に正面追突したときに $(v-2w)$ で反射される，という力学の問題と同じである[注]．すなわち，正面衝突ではエネルギーをもらい，正面追突ではエネルギーを失うので，両者が等確率で起これば正味のエネルギー収支は0となる．しかし，正面衝突のほうが正面追突よりも相対速度が大きいために衝突頻度（衝突確率）が高いので，統計平均すると電子はエネルギーをもらうことになる．この統計的加熱の機構は，1949年にフェルミ（E. Fermi, 1901～1954）が提案した宇宙線の加速機構（**フェルミ加速**）と同じである．電子群の動きを見ると図6・5 (d) のように，サーファーが波に乗って浜辺に寄せられるように左または右の電極に移動するので，この加熱過程は波乗り効果（wave riding effect）とも呼ばれている．

シースの振動速度を $w = w_0 \sin \omega t$ とおいて，実際に電子が統計的（stochastic）にもらう平均パワー密度 P_{stoc} を計算すると

$$P_{\text{stoc}} = \frac{1}{2} m_e w_0^2 n_0 \langle v_e \rangle \tag{6・2}$$

となる[5]．ここに m_e, n_0 は電子の質量と密度であり，$\langle v_e \rangle = \sqrt{8\kappa T/\pi m_e}$ は電子の平均熱速度である．典型的には最大のシース長は $d = 1 \sim 2$ [cm] であり，13.56 MHzの放電ではシース端の移動速度は最大で $w_0 = d/10^{-8}$ [s] $\fallingdotseq 2 \times 10^6$ [m/s]

（注） 2・3節の粒子間の弾性衝突のモデルにおいて，粒子2を壁とみなして質量を無限大，速度を w とし，これに粒子1が速度 v で衝突する問題を考えよ．

にもなる．$\kappa T_e = 2$〔eV〕のとき $\langle v_e \rangle \fallingdotseq 10^6$〔m/s〕であるから，その速度でシースに正面衝突すると電子は $\langle v_e \rangle + 2w_0 \fallingdotseq 5 \times 10^6$〔m/s〕まで加速される．この速度は，エネルギーに換算すれば56 eVに相当する．実際に電子のエネルギー分布関数を測定すると，30～70 eV付近に統計的加熱による高エネルギー電子が観測される．一方，シースの厚さは高周波電圧 V_{RF} で決まるので，V_{RF} が一定で周波数 ω を変えるとシース端速度 w_0 は ω に比例する．したがって，式 (6·2) から，統計的加熱のパワーは ω^2 に比例して増加するので，V_{RF} が一定なら放電周波数が高いほどプラズマ密度が増加する．

[3] 自己バイアスとイオンエネルギー分布[5]

電極に高周波を加えたときに発生する負の直流電圧（自己バイアス）は，容量結合プラズマの放電のしくみを理解するうえで重要である．さらに，自己バイアスは，エッチングやCVDを制御するためのRFバイアス技術として広く応用されているので実用上も非常に重要である．RFバイアスとは，プラズマ中に挿入した基板に高周波をかけることをいい，そのとき発生する直流負電圧によってイオンを加速し基板表面をたたくと，表面反応の促進・異方性エッチング・膜質変化などさまざまな効果が現れる．そこでこの項では，自己バイアスの発生機構と，そのバイアスで加速されて基板に衝突するイオンのエネルギー分布について説明しよう．

図6·6 (a) の右下の挿入図は，電極Kにコンデンサ C_B を通して高周波電圧 $V_{RF} \sin \omega t$ をかけるようすを示している．まず初めに，高周波ではなく直流電圧 V を電極Kにかけたときにシースを通って流れ込む電流 I を測定してみよう．そこで得られる電流-電圧特性は，本質的にラングミュアプローブの電流-電圧特性（3章の囲み記事）と同じ形であり，その概略を図6·6 (a) の左上に示す．$I = 0$ となる電圧 V_F （浮遊電位）を電圧の基準として $V = 0$ とすれば，深い負バイアス（$V \ll V_F$）のときは3章の式 (3·59) で決まるイオン電流 I_i がわずかに流れるだけであるが，プラズマ電位 V_p に近づくにつれて電子電流 I_e が指数関数的に増えてきて，$V > V_F$ では大きな電流が流れる．この電流-電圧特性はダイオードの特性とよく似ており，電流 I は電極からプラズマに向かって流れやすいがその逆方向には流れにくいので，シースは整流作用をもつ．このシースの作用を表現するために，図6·4 (c) のシースの等価回路にダイオードを入れているが，厳密にはダイ

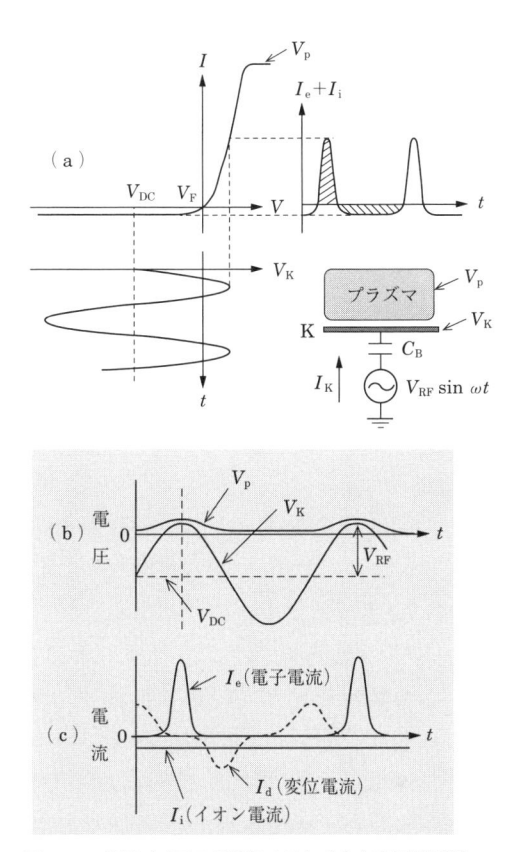

図6・6 自己バイアスが発生するしくみと高周波電極の電圧-電流の時間変化

オードを用いずに, シース抵抗 $R=V/I$ を非線形抵抗とし, 電流に方向性をもたせたほうがよい.

さて次に, 直流ではなく高周波 ($\omega/2\pi=0.5\sim13\,\mathrm{MHz}$, $V_{\mathrm{RF}}=100\sim1000\,\mathrm{V}$) を電極Kにかける場合を考える. コンデンサ C_B を電源と直列に入れているので, 電流 $I(t)$ を1周期で積分した値 (直流電流) は0になるように, 自動的に負の直流電圧 V_{DC} が電極にかかる (これを電子回路では自己バイアスという). そのしくみは, 図6・6 (a) の右上の電流波形と左下の電圧波形からわかる[6]. すなわち, 電圧の正の位相のときに大きな電子電流 ($I>0$) が流れるので, これを減らすように深い負のバイアス電圧 V_{DC} が発生し, 小さなイオン飽和電流 ($I<0$) が長い時間流れ, 1周期で正と負の流入電荷が打ち消しあう. このとき, 電極Kの電圧

の時間変化は図6·6 (b) のようであり，$V_K(t) = V_{DC} + V_{RF} \sin \omega t$ と表すことができ（コンデンサ C_B は大きいのでショート），印加電圧が大きく（$V_{RF} \gg \kappa T_e/e$），電極Kの面積が接地面積より小さいとき自己バイアス電圧は $V_{DC} \fallingdotseq -V_{RF}$ となる（後述）．

一方，電極Kから流れ出る電流 I_K は同図 (c) のように電子電流 $I_e(t)$，イオン電流 I_i[注1]，および変位電流 $I_d(t)$ の3種類からなる（$I_K = I_e + I_i + I_d$）．I_e と I_i はプラズマから荷電粒子が流入することによる伝導電流であるのに対して，I_d は電極上の表面電荷密度の時間変化がシース内の電束密度の時間変化を引き起こすことにより流れるものである．そこで，シースを真空コンデンサとみなして変位電流成分を表したのが図6·4 (c) の等価回路であり，シースの厚さを d，面積を A とすればその静電容量は $C = \varepsilon_0 A/d$ と表せる[注2]．I_d は電場の時間変化に比例するので，RF電圧の時間変化（dV_K/dt）にほぼ比例して流れる．また，角周波数 ω が高いほど大きくなる．計算によれば，変位電流と伝導電流が同程度になるのは $\omega \fallingdotseq \omega_{pi}$ のときである（演習問題 問2）．ここに，$\omega_{pi}/2\pi$ はイオンプラズマ周波数であり（48ページ参照），典型的条件では1～3MHzの値をとる．したがって，1MHzより低いような低周波バイアスでは変位電流を無視できるが，逆に13.56MHzのような高周波バイアスでは電極電流のほとんどが変位電流となる．このことから，図6·4 (c) のシースの等価回路において，低周波では C_K を無視でき，高周波では R_K を無視することができる．

これまでは，電極に高周波をかけたときにプラズマ電位 V_p が時間変化することを無視してきた．電極Kの面積が接地電極Aに比べて小さいときは，V_p の変動は小さく，V_{DC} は高周波電圧 V_{RF} 程度になる〔図6·6 (b) 参照〕．一方，両電極の面積が等しい対称放電の場合は，図6·5 (b) のように V_p は振幅 V_{RF} で大きく変動しており，$V_{DC} = 0$ となる．そこで一般的に，電極KとAの面積比と V_{DC} や V_p との関係を，図6·4 (c) の等価回路を使って考えてみよう．簡単のために $\omega \gg \omega_{pi}$ であるような高周波を考えると，前述のようにシース抵抗 R_K，R_A は無視してよい．また，電極間隔の狭い中圧力程度の放電を考えるとプラズマ内の電位勾配を無視できるので（$R_p \to 0$），プラズマ電位を $V_p(t) = \langle V_p \rangle + \tilde{V}_p \sin \omega t$ とおく．この右辺第

(注1) 13.56MHzのようにイオンが追随できない高周波では時間的にほぼ一定の電流となる．なお，その電流密度は式 (3·59) のボームフラックスに電荷 e をかけた値と等しく，また，式 (3·63) の V_0 を $|V_D|$ とおいた値に等しい．
(注2) 厳密には図6·5に示したようにシースの厚さは時間的に変化する．

1項は直流分,第2項は交流分である.同様に電極Kの電位を直流分と交流分に分けて,$V_K(t) = V_{DC} + V_{RF} \sin \omega t$ とおくと $V_{RF} \gg \kappa T_e/e$ のときの近似解としてプラズマ電位については

$$\langle V_p \rangle = \widetilde{V}_p = \frac{C_K}{C_A + C_K} V_{RF} \tag{6・3}$$

自己バイアス電圧については

$$V_{DC} = \frac{C_K - C_A}{C_K + C_A} V_{RF} \tag{6・4}$$

を得る(演習問題 問3).ここで,シース容量は電極面積に比例するので C_A/C_K は電極Aの面積 S_A と電極Kの面積 S_K の比と等しい.したがって,上式から自己バイアス電圧を求めると対称放電 ($S_A = S_K$, $C_A = C_K$) のとき $V_{DC} = 0$ であり,$S_A \ll S_K$ ($C_A \ll C_K$) のような非対称放電のとき $V_{DC} = +V_{RF}$ となり,$S_A \gg S_K$ ($C_A \gg C_K$) のような非対称放電では $V_{DC} = -V_{RF}$ となることがわかる.

さて,基板に高周波をかけて薄膜表面をイオンでたたく技術がプラズマプロセスで広く用いられていることを前に述べた.そこで,高周波シースを通過して正イオンが電極Kに衝突するときのエネルギー分布を考えてみよう.イオンが高周波に追随できず,直流プラズマ電位 $\langle V_p \rangle$ と自己バイアス V_{DC} の差のポテンシャルエネルギーをもらって電極に衝突するとすれば,イオンの平均エネルギーは $\overline{\varepsilon} = e(\langle V_p \rangle - V_{DC})$ となる.実際には,高周波電圧 $V_{RF} \sin \omega t$ によって時間変調を受けるので,図 6・7 のようにイオンエネルギー分布関数は $\overline{\varepsilon}$ の両側に $\Delta\varepsilon$ 離れて二つのピークをもつ双峰特性を示す.厚さ d の無衝突の正イオンシースを仮定し,プラズマからシースに入る質量 m_i の正イオンのフラックスを Γ_0 としてイオンのエネルギー分布関数 $f_i(\varepsilon)$ を計算すれば

$$f_i(\varepsilon) = \frac{\Gamma_0}{\omega \Delta\varepsilon} \left[1 - \left(\frac{\varepsilon - \overline{\varepsilon}}{\Delta\varepsilon} \right)^2 \right]^{-1/2} \tag{6・5}$$

ここに,高周波電圧は十分に大きい($V_{RF} \gg \kappa T_e/e$)としており,このときエネルギー広がり $\Delta\varepsilon$ は次式で与えられる[4].

$$\Delta\varepsilon = \frac{2eV_{RF}}{3\omega d} \sqrt{\frac{2\overline{\varepsilon}}{m_i}} \tag{6・6}$$

式 (6・5) の右辺は $\varepsilon = \overline{\varepsilon} + \Delta\varepsilon$ と $\varepsilon = \overline{\varepsilon} - \Delta\varepsilon$ において無限大となるが,これはシースに入るイオンの初速度を0と近似したためである.さて,図の右と左の二つのピークは,図 6・6 (b) に示した高周波電圧が谷($\sin \omega t = -1$)および山

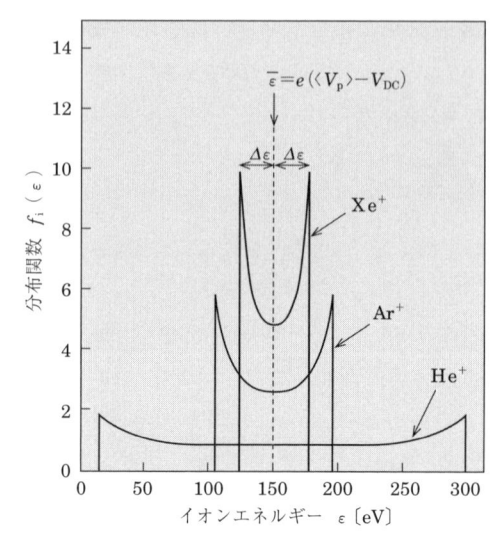

図 6·7 高周波電極に入るイオンのエネルギー分布関数 $f_i(\varepsilon)$ の概略.
計算条件:$V_{RF}=150$ V, $\overline{\varepsilon}=150$ eV, $\omega/2\pi=1$ MHz, $d=10^{-2}$ m, He$^+$ ($M=4$), Ar$^+$ ($M=40$), Xe$^+$ ($M=131$). He$^+$でバイアス周波数を 1 MHz から 5 MHz にあげると,上図の Xe$^+$ 程度に $\Delta\varepsilon$ が狭くなる.

($\sin\omega t=1$) になる時刻(位相)にシースに飛び込んだイオン群にそれぞれ対応している.すなわち,この二つの位相では電圧が時間的にゆっくり変化し ($dV/dt=0$),多くのイオンがシースに入ってくるため分布関数の値は大きくなる.一方,エネルギー広がり $\Delta\varepsilon$ は式 (6·6) から ω に反比例するので,同じ V_{RF} ならば低周波バイアスのほうがエネルギー広がりが大きく,最大衝撃エネルギー ($\overline{\varepsilon}+\Delta\varepsilon$) が大きくなる.また,$\Delta\varepsilon$ は $\sqrt{m_i}$ に反比例するので,重いイオンほど二つのピークは近寄ってきて一つのピークのように見えてくる(図の He$^+$,Ar$^+$,Xe$^+$ を比較).高周波電圧 V_{RF} を大きくすると $\Delta\varepsilon$ が増大するが,非対称放電では自己バイアス V_{DC} も変化して $\overline{\varepsilon}$ の値も大きくなることを考慮しなければならない.なお,圧力が高い放電ではシース内にイオン・中性分子衝突(特に電荷交換衝突)が起こるので,高エネルギーイオンが減って低エネルギーイオンが増加し,イオンのエネルギー分布関数は大きく変化する.

③ コイルに RF 電流を流す ——誘導結合プラズマ[6]——

無磁場における高周波放電には,電界形放電(E 放電)と磁界形放電(H 放電)

3 コイルにRF電流を流す —誘導結合プラズマ—

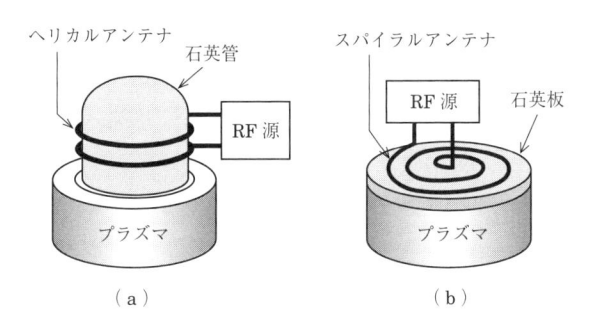

図6・8 ヘリカルやスパイラル状のコイルにRF電流を流してつくる誘導結合プラズマ

があることは古くから知られている．前者は，アンテナ表面の電荷がつくる静電界Eによって放電するもので，6・2節で述べた容量結合プラズマがその代表例である．後者は，アンテナ電流がつくる磁界Hによって放電するものであり，磁界の時間変化が電界を誘導し（ファラデーの電磁誘導の法則），その電界で電子を加速してプラズマを維持する．このようにして生成するプラズマを**誘導結合プラズマ**（inductively coupled plasma；ICP）と呼ぶ．細い円筒ガラス放電管にコイルを巻いて13.56 MHzの電流を流すと，高い圧力では簡単にICPをつくれるので古くから研究されてきた．しかし，半導体のプラズマプロセスには低圧力の大口径プラズマが必要となり，新しいICPの開発が近年進められた．

現在用いられているアンテナは**図6・8**に示すように，(a) 円筒状ヘリカルコイルを用いるタイプと，(b) 平面状スパイラルコイルを用いるタイプに大別できる．この他に，アンテナをプラズマ中に挿入する内部アンテナも用いられる．得られるプラズマは密度$10^{17} \sim 10^{18} \mathrm{m}^{-3}$，電子温度$2 \sim 4 \mathrm{eV}$，直径30 cmである．広い圧力範囲（$1 \sim 40 \mathrm{Pa}$）で容易に大口径・高密度プラズマが得られるので，近年プラズマプロセシングに多く用いられるようになった．

さて，誘導結合プラズマではどのようにしてエネルギーがプラズマに入るかを考えてみよう．13.56 MHzの電磁波の波長は22 mもあり，アンテナ長に比べて長いので変位電流を無視して準静的に電磁界を扱うことができる．z軸に沿う半径aの無限に長いソレノイドコイル（単位長さ当たりの巻数n）に直流電流Iを流した場合，コイル内部にz方向の一様な磁界$H_z = nI$と磁束$\Phi = \mu_0 \pi r^2 H_z$が生じる．電流が角周波数ωで振れるとき$I = I_0 \sin \omega t$とおき，ファラデーの電磁誘導の法則より，Φの時間変化が起電力$V = 2\pi r E_\theta = -\partial \Phi / \partial t$を生じることから，$\theta$方向

の誘導電界は

$$E_\theta(r, t) = (\mu_0 r/2) \omega n I_0 \cos \omega t \tag{6・7}$$

と与えられる．この電界によってプラズマ中の電子が加速され，アンテナ電流がつくる磁場を打ち消す向きにうず電流がプラズマ内に流れる．

誘導電界により，電子は加速されたり減速されたりするが，それを時間平均すると，衝突がない限り，正味のエネルギー授受はゼロとなってプラズマにパワーが入らない〔4章の式 (4・20) 参照〕．電子が中性粒子やイオンと衝突する周波数を ν_e とし，"プラズマ"という導体の直流の導電率 σ を計算すると，3章の式 (3・33) より $\sigma = e^2 n_0/m_e \nu_e$ となる．一般に導電率 σ の導体板の外から時間変化する磁界をかけると，市販の電磁調理器にも利用されているように，導体中にうず電流が流れてジュール加熱が起こる．このとき，磁界は導体表面から指数関数的に減衰するのである深さまでしか入れず（**表皮効果**という），その表皮厚さは $\delta = (2/\omega\mu_0\sigma)^{1/2}$ と与えられる．この式の σ に上のプラズマの導電率を代入すると

$$\delta = (c/\omega_p)(2\nu_e/\omega)^{1/2} \tag{6・8}$$

ただし，この式は $\nu_e/\omega \gg 1$ であるような衝突の多い高圧力の場合に成り立つ．圧力が低く（$\nu_e/\omega \ll 1$），プラズマ密度が高いとき（$\omega_p \gg \omega$）の表皮厚さは，後出の式 (6・15) のように $\delta = c/\omega_p$ となり，例えば $10^{17} \mathrm{m}^{-3}$ のプラズマ密度のとき $\delta = 1.7 \mathrm{cm}$ となる．

上で述べたことを考慮して，誘導結合プラズマの等価回路を考えてみよう．まず，図6・8 (a) のヘリカルアンテナ励起プラズマの1回巻き相当分を切り出して，**図6・9** (a) に示すように，円形ループアンテナとそれに隣接してうず電流が流れるドーナツ状プラズマを考える．ドーナツの半径方向の幅を表皮厚さ δ とし，断面積を S，円周方向の長さを l とする．アンテナを1次巻線，ドーナツリングを2次巻線とするトランス（変圧器）とみなせば，等価回路は図6・9 (b) のように表すことができる[6]．すなわち，インダクタンス L_a，抵抗 R_a のアンテナに高周波電流 I_{RF} が流れると，相互インダクタンス M を介して2次回路のプラズマと結合する．L_g は磁束と鎖交する回路（ここではドーナツ）の形状で決まるインダクタンス，$L_p = (l/S)(m_e/n_0 e^2)$ は電子の慣性によるインダクタンス，$R_p = (l/S)/\sigma$ はドーナツプラズマの直流抵抗である（演習問題 問4）．この等価回路を用いて，プラズマが吸収するパワー P_{abs} は

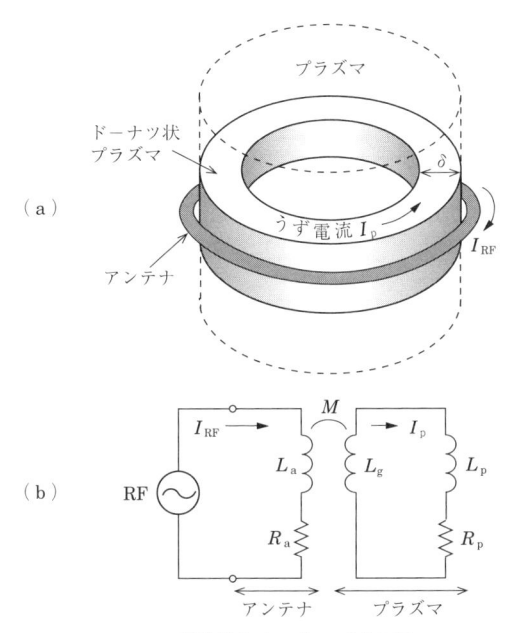

図 6・9 誘導結合プラズマの等価回路

$$P_{\text{abs}} = \frac{\omega^2 M^2 R_p}{\omega^2 (L_g + L_p)^2 + R_p^2} I_{\text{RF}}^2 \tag{6・9}$$

と計算される．これはプラズマ抵抗R_pで発生するジュール熱である．

　低圧力になるとプラズマの抵抗が小さくなり，表皮厚さも小さくなってジュール加熱ではパワーが入らず，放電が停止すると予想される．しかし，実際には$\nu_e/\omega = 0.1$程度の低圧力であっても高密度プラズマが維持できることから，無衝突で有効な別の加熱機構があることがわかる．その機構は，熱運動する電子が局在電場を通過することによって起こる**異常表皮効果**である．すなわち，無衝突において熱速度$\langle v \rangle$で運動している電子が，表皮厚さδの強い誘導電界の領域に何度も入射してはプラズマに戻ってくる無衝突過程を考える．電子がこの領域を通過する時間$\delta/\langle v \rangle$が高周波の周期$2\pi/\omega$と同程度か少し小さいとき，電子の加速・減速がランダムに起こり，統計平均をすると電子は正味のエネルギーを効率良くもらうことができる．これを異常表皮効果という．

　さて，ある圧力でヘリカルアンテナやスパイラルアンテナに高周波パワーを加えて放電を開始すると，初めは弱い発光を伴う薄いプラズマがつき，パワーがある値を超えると急に明るい高密度プラズマになることがしばしば観測される．こ

れは，初めに述べたE放電からH放電にジャンプすることに対応している．前者は，アンテナにかかる高周波電圧によって放電するモードで，容量結合的放電である．E放電のモードは，アンテナを静電遮へい（ファラデーシールド）することによって除くことができる．

④ プラズマの波を調べよう[7]

気体中を電波や音波が伝わり，液体や固体の中に波がたつように，物質の第四状態であるプラズマの中にも波が存在する．この波は不安定性によって自然に発生することもあり，また，外部から電磁界を加えることによって強制的に波をたてることもできる．一般に，電磁波（光）は真空中を光速 $c = 3.0 \times 10^8$ 〔m/s〕で伝搬する．一方，比誘電率 ε_s の誘電体中を角周波数 $\omega = 2\pi f$，波数 $k = 2\pi/\lambda$（f：周波数，λ：波長）をもつ電磁波が伝わるときの位相速度（$\omega/k = f\lambda$）をマクスウェル方程式を用いて求めると

$$\frac{\omega}{k} = \frac{c}{\sqrt{\varepsilon_s}} \qquad (6 \cdot 10)$$

という関係式（分散式という）が得られる．すなわち，比誘電率 ε_s の平方根に反比例して波の位相速度が小さくなる．このようなことから，プラズマを誘電体とみなしてその等価的な比誘電率 ε_s の値を求めることができれば，その値を式 (6・10) に代入してプラズマ中の波の位相速度を求めることができる．そこで次にプラズマの誘電率を計算しよう．

[1] プラズマの等価誘電率

真空（誘電率 ε_0，透磁率 μ_0）中を荷電粒子が動いて電流 $\boldsymbol{j} = en_i\boldsymbol{u}_i - en_e\boldsymbol{u}_e$ が流れる状態がプラズマであるので，マクスウェルの第1方程式は

$$\nabla \times \boldsymbol{H} = en_i\boldsymbol{u}_i - en_e\boldsymbol{u}_e + \varepsilon_0 \frac{\partial \boldsymbol{E}}{\partial t} \qquad (6 \cdot 11)$$

と書ける．定常磁場がない均一な無衝突の冷たいプラズマ（$T_e = 0$）を考え，イオンは動かない（$\boldsymbol{u}_i = 0$）場合を考える．波の振幅は小さいと考えて1次の摂動量として扱い，2次以上の項は省略する．例えば，電子密度は $n_e = n_0 + n_1$（$n_1 \ll n_0$）とし，電流は $\boldsymbol{j} = -e(n_0 + n_1)\boldsymbol{u}_1 \fallingdotseq -en_0\boldsymbol{u}_1$ と近似する．また，摂動量を角周波数 ω と波数ベクトル $\boldsymbol{k}$ を用いてフーリエ分解し，例えば $\boldsymbol{u}_1\boldsymbol{r}, t = \boldsymbol{u}_1 e^{i\boldsymbol{k}\cdot\boldsymbol{r} - i\omega t}$ と表

す．このとき，電子の運動の式 (3·14) は
$$n_0 m_e (-i\omega) \boldsymbol{u}_1 e^{i\boldsymbol{k}\cdot\boldsymbol{r}-i\omega t} = -e n_0 \boldsymbol{E} e^{i\boldsymbol{k}\cdot\boldsymbol{r}-i\omega t}$$
となり，これから速度のフーリエ振幅は $\boldsymbol{u}_1 = (-ie/m_e\omega)\boldsymbol{E}$ と求まる．これを式 (6·11) の右辺の電子電流の項の $-en_0\boldsymbol{u}_1$ に代入すれば

$$i\boldsymbol{k}\times\boldsymbol{H} = \varepsilon_0\left(1-\frac{\omega_p^2}{\omega^2}\right)(-i\omega)\boldsymbol{E} \equiv \varepsilon_0\varepsilon_p(-i\omega)\boldsymbol{E} \tag{6·12}$$

ここに両辺の $e^{i\boldsymbol{k}\cdot\boldsymbol{r}-i\omega t}$ の項は省略してあり，ω_p は 3 章の式 (3·24) のプラズマ周波数である．この式の右辺をみると，比誘電率 ε_p を

$$\varepsilon_p = 1 - \frac{\omega_p^2}{\omega^2} \tag{6·13}$$

と定義したときの誘電体媒質 ($\varepsilon_0\varepsilon_p$) に対するマクスウェル方程式と同じ形になっていることがわかる．したがって，式 (6·13) の ε_p は**プラズマの等価誘電率**を表す．

真空の比誘電率は 1 であり，通常の固体，液体，気体のそれは 1 より大きい．しかし，物質の第四状態のプラズマの比誘電率は常に 1 より小さく，$\omega_p > \omega$ であるような濃いプラズマでは負の値になる．このような特異な性質は，電子が電場をシールドするように動くことからきている．さて，式 (6·13) を式 (6·10) に代入すれば，プラズマ中の電磁波の位相速度は

$$\frac{\omega}{k} = \frac{c}{\sqrt{1-\omega_p^2/\omega^2}} \tag{6·14}$$

となり，真空中の光速 c よりも速くなって，波長がのびることがわかる（この性質は，電磁波をプラズマに当てて密度を測るマイクロ波干渉計に使われている）．この式から $\omega \gg \omega_p$ であるような低密度プラズマのとき $\omega/k \simeq c$ となり，$\omega = \omega_p$ の場合は $k = 0$ となって波長が無限大になる（カットオフという）．

さらに，$\omega < \omega_p$ となる高密度プラズマのとき，ω/k は虚数になる．実際には周波数は用いる発振器で決まるので ω は実数であり k が純虚数となる．そこで，$k = i/\delta$（δ：実数）とおけば $e^{i\boldsymbol{k}\cdot\boldsymbol{r}} = e^{-r/\delta}$ となるので，波は δ 程度の距離で減衰してしまう．十分に高密度 $\omega_p^2 \gg \omega^2$ のときには，式 (6·14) から

$$\delta = c/\omega_p \tag{6·15}$$

が得られ，これを**プラズマ表皮厚さ** (plasma skin depth) という．物理的には，ω_p が電子の集団運動の応答の速さの目安なので，ω_p より ω が低いと電子が動いて波の電場をシールドしてしまうため，もはや波はプラズマの中に入れなくなる

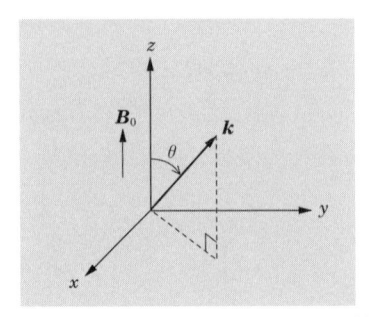

図6・10 定常磁場 B_0 に対して角度 θ で伝わる波数 k の波

ことを意味している．このように，高密度プラズマの内部に電波は進入できないが，プラズマ表面に沿って表面波として伝わることができる．次節で説明するように，表面波を用いた高密度プラズマ生成が行われている．

[2] 磁場中のプラズマの波

　無磁場のプラズマ中を電磁波が伝わるとき，真空中より波長が長くなり，プラズマ密度が高いと伝搬できなくなることが式 (6・14) からわかった．定常磁場 B_0 があるときは逆に波長が短くなったり，磁場に対して伝わる角度 θ によって伝搬周波数帯が変わったり，非常に複雑になる．その波動解析は，連続の式 (3・13) と運動の式 (3・14) およびマクスウェル方程式を用いて行うことができる．その詳細は他書[7]に譲り，ここでは結果だけを示そう．**図6・10**のように，波数ベクトル k と B_0 のなす角を θ とし，波の屈折率を $N=ck/\omega$ と定義すれば，最終的に波が満足すべき分散式は

$$\tan^2\theta = \frac{-\varepsilon_{/\!/}(N^2-R)(N^2-L)}{(\varepsilon_\perp N^2-RL)(N^2-\varepsilon_{/\!/})} \tag{6・16}$$

と与えられる[7]．ここに

$$R=1-\frac{\omega_p^2}{\omega(\omega-\omega_c)}, \quad L=1+\frac{\omega_p^2}{\omega(\omega+\omega_c)} \tag{6・17}$$

簡単のために k が B_0 と平行な場合，すなわち磁力線方向に伝わる波を調べてみよう．分散式 (6・16) で $\theta=0$ とおけば，①$\varepsilon_{/\!/}=0$，②$N^2-R=0$，③$N^2-L=0$ の三つの解が出てくる．第一の解は $\omega=\omega_p$ を与え，3章の式 (3・24) のプラズマ振動そのものである．第二の解は波の電場 E が電子のサイクロトロン運動の向きに回転する右回り円偏波を示し，第三の解はそれと逆向きに回転する左回り円

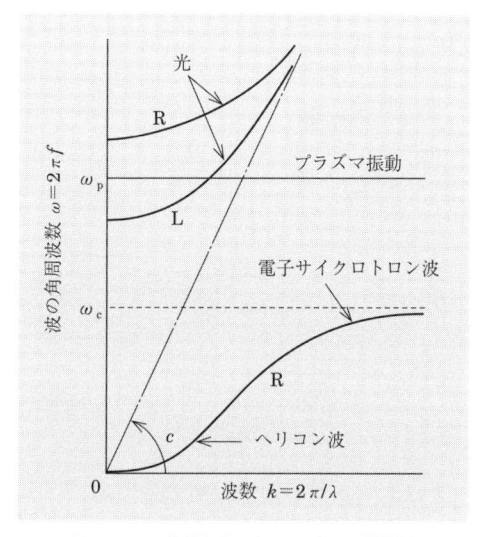

図6・11 磁場方向に伝わる波の分散関係

偏波を表している．これら3種類の波のωとkの関係を**図6・11**に示す．図の一点鎖線（$\omega/k=c$）はプラズマがない真空中を伝わる電磁波（光）を参考のために示したもので，それより上にあるR（右回り円偏波）とL（左回り円偏波）の速い波（$\omega/k>c$）は，本質的に光と同じである．このRとLは磁場を0にすると縮退して式(6・14)と一致する．一方，ω_cより低い所を伝わる分岐Rは，電子が主役となって伝わる右回り円偏波であり，$\omega \to \omega_c$のとき$k \to \infty$（電子サイクロトロン共鳴）となる．この分岐の周波数が低い部分（$\omega \leq \omega_c/2$）は，**ホイスラー波**（whistler wave）や**ヘリコン波**（helicon wave）と呼ばれており[注]，高い部分（$\omega \fallingdotseq \omega_c$）は電子サイクロトロン波と呼ばれる．6・6節で説明するように，これらの波を利用して低圧力の高密度プラズマ生成が行われている．

⑤ 強い電波を当てる ──表面波プラズマ[8]──

無磁場において電磁波を高密度プラズマに照射すると，プラズマの表面を伝わる波が励起されることを，式(6・15)の下に述べた．この表面波を，強いマイクロ波を当てて励起し，大口径の高密度プラズマをつくることができる．これを**表**

(注) 電離層を伝わってくる波をアンテナで受けてラジオで聞くと，口笛（whistle）のように聞こえることから「ホイスラー波」の名がついた．一方，半導体に磁場をかけて波を励起すると，ヘリカル状の磁場変動が伝わることから「ヘリコン波」の名がついた．

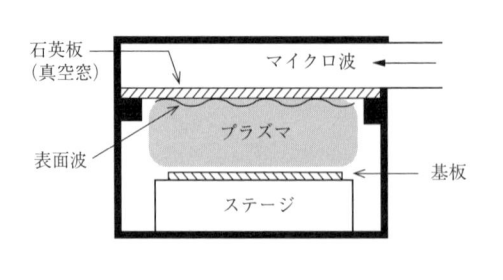

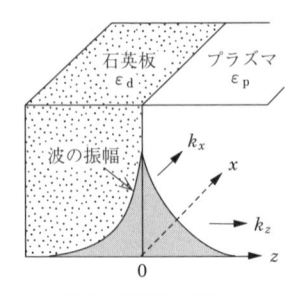

(a) 表面波プラズマ装置　　　　(b) 表面波の伝わり方
図 6・12　強いマイクロ波を当ててつくる表面波プラズマ

面波プラズマ (surface wave plasma ; SWP) という．表面波プラズマ研究の歴史は古いが，そのほとんどは直径2cm程度の細いガラス管に局所的に電磁界 (数百MHz～9GHz) を印加し，管軸方向に表面波を励起するものであった．しかし，近年の半導体プロセスが大口径プラズマを必要とすることから，新しい表面波の励起法が研究されるようになった．**図 6・12** (a) はそのような装置例を示しており，2.45GHz，1kWのマイクロ波を大気側から石英板 (直径≒30cm) を通してプラズマに当てると，2～200Paにおいて10^{17}～10^{18}m^{-3}の高密度プラズマが得られる (図には示されていないが，石英板の上または下の面に，スロットなどの金属製アンテナを用いることもある)．このとき，石英板とプラズマの界面に表面波が立っており，この波の電界で電子が加速されてプラズマにエネルギーが供給される．このように，表面波の励起が重要な役割を演じているので，これについて調べてみよう．

簡単のために図6・12 (b) に示すように直角座標で考えて，プラズマと石英板 (比誘電率ε_d) が接する界面を$z=0$とする．波数kを界面に沿う成分k_xと垂直な成分k_zに分けて ($k^2 = k_x^2 + k_z^2$)，プラズマに対する分散式 (6・14) を書き直すと

$$k_x^2 + k_z^2 = \left(\frac{\omega}{c}\right)^2 \left(1 - \frac{\omega_p^2}{\omega^2}\right) \tag{6・18}$$

高密度プラズマ ($\omega_p > \omega$) のとき，上式の右辺は負となる．そこでプラズマの表面に沿ってx方向に伝わる波 ($k_x^2 > 0$) を考えると，式 (6・18) の左辺が負となるには，k_z^2が十分大きい負の値をとればよいので，$k_z = i\alpha$とおく．すなわち$e^{ikz} = e^{-\alpha z}$となるので，図6・12 (b) のように波の振幅はz方向に指数関数的に減衰する場合を考えればよい ($\omega_p^2 \gg \omega^2$のとき，式 (6・15) のプラズマ表皮厚さで減衰する)．簡単のために，石英板とプラズマは十分に厚く，波は$z = \pm\infty$で減

衰してしまう場合を考える．$z=0$ で E_x, k_x が連続であるという境界条件から，プラズマと石英板の間に立つ表面波の電界 E_z の解を

$$\left.\begin{array}{ll}\text{プラズマ内}(z>0): & E_z = A\sin k_x x\, e^{-\alpha z} \\ \text{石英板}(z<0): & E_z = B\sin k_x x\, e^{\beta z}\end{array}\right\} \quad (6\cdot 19)$$

とおく．ここに A, B は定数であり，石英板内では $k_z = i\beta$ とおいている．石英板内で満足すべき分散式は，式 (6·10) より $\varepsilon_s = \varepsilon_d$ とおいて $k_x^2 - \beta^2 = (\omega^2/c^2)\varepsilon_d$ となる．

さらに，式 (6·12) を用いて y 方向の磁界 H_y を求め，それが界面 ($z=0$) で連続であるという条件から $\alpha/\beta = \varepsilon_p/\varepsilon_d$ の関係が成り立つ．これを用いると最終的に次のような表面波の分散関係が得られる．

$$k_x = \frac{\omega}{c}\sqrt{\frac{\varepsilon_d(\omega_p^2 - \omega^2)}{\omega_p^2 - (1+\varepsilon_d)\omega^2}} \quad (6\cdot 20)$$

上式の右辺の根号の中の分母が 0 のときに $k_x \to \infty$（共鳴）となることから，$\omega = \omega_p/\sqrt{1+\varepsilon_d}$ のときに表面波共鳴が起こる．例えば，$\omega/2\pi = 2.45\,\mathrm{GHz}$（放電周波数），$\varepsilon_d = 3.78$（石英板）の場合には，プラズマ密度が $3.56\times 10^{17}\,\mathrm{m}^{-3}$ のときに共鳴が起き，それ以上の高密度プラズマで表面波が伝わる．その際に式 (6·20) を満たす k_x のうち，金属製プラズマ容器の x 方向の長さを a とするとき，両端で $E_z = 0$ となるので，$k_x = m\pi/a$（m：整数）を満たす表面波モードの定在波が立つ．一方，石英板内は必ずしも表面波（k_z：虚数）とは限らず，体積波（k_z：実数）のこともある．

さて，表面波のエネルギーはどのようにして電子の運動エネルギーに移るのだろうか．圧力が高いときは，4章の式 (4·20) で示したように，電子と中性粒子との衝突を介して波のパワーが電子の熱運動エネルギーに移る．しかし，衝突が無視できるような低圧力（$\nu \ll \omega$）でも放電がつくので，何らかの無衝突加熱機構が存在する．例えば，密度不均一を考慮すると，$\omega = \omega_p$ となるプラズマ密度の位置で波の電場が局所的に強くなることが予測されており，そこを電子が通過する時間が波の周期程度のときに強い統計的加熱が起こると考えられる．また，電子の熱運動を考慮すると $\omega = \omega_p$ の点で表面波から電子プラズマ波に波のモードが変わり，それがランダウ減衰することによって電子が加熱される可能性もある[注]．

(注) プローブ面がプラズマで汚れても，表面波を利用すれば電子密度を正確に測定できる方法（プラズマ吸収プローブ法）がある [H. Kokura, K. Nakamura, I. Ghanashev and H. Sugai: Jpn. J. Appl. Phys., **38** (1999), p. 5262].

6 磁場中の波を使う　—ECRプラズマとヘリコン波プラズマ[1]—

[1] ECRプラズマ

　磁場中の電子サイクロトロン共鳴（electron cyclotron resonance；ECR）を利用するECRプラズマ装置の例を**図6・13**に示す．0.1T程度の磁場のもとで1kW程度のマイクロ波（ふつう2.45GHz）を真空窓から入射すると，かなりの低圧力（0.05〜0.5Pa）でも高密度（$\fallingdotseq 10^{17} \mathrm{m}^{-3}$）のプラズマが発生する．このような高効率プラズマ生成を可能にしているのは，その名のとおり共鳴現象にある．

　磁場があると，電子はローレンツ力を受け，磁力線に巻きついて回転運動をする．その周波数は式（2・10）のように磁場の大きさで決まり，$\omega_c/2\pi = eB/2\pi m_e$（電子サイクロトロン周波数）で与えられる．$B=0.0875\mathrm{T}$のとき，サイクロトロン周波数は2.45GHzとなる．外からこれと同一周波数の振動電場を加えれば，2章の図2・3に示したように，回転運動している電子は同位相の電場を感じて直流的に加速され続けることになる．このように，ωとω_cが一致するとき，電子の共

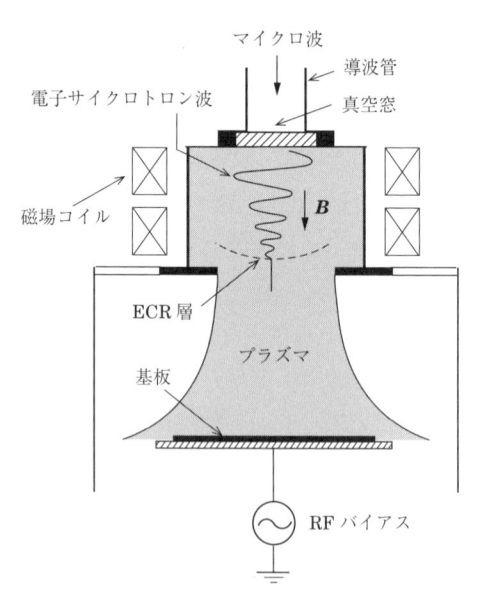

図6・13　電子サイクロトロン共鳴を利用してつくるECRプラズマ．低圧力で高密度のプラズマが得られる．

鳴的加速が起こり，高い運動エネルギーを得るので，電子サイクロトロン共鳴と呼んでいる．これを利用するECRプラズマ装置では，マイクロ波エネルギーを吸収した高速電子がひんぱんに電離を行うので，低圧力でも高密度プラズマが得

ランダウ減衰とサイクロトロン減衰

通常，気体や液体，固体中の波は，粒子間の衝突によるエネルギー散逸が原因で減衰する．しかし，プラズマ中の縦波は無衝突であっても減衰することが，ランダウ (L. D. Landau, 1908～1968) によって予言され，後に実験で確認された．このランダウ減衰は次のようにして起こる．波の位相速度と等しい速度（$v=\omega/k$）で走る一部の電子（共鳴電子という）を考えると，その電子から見れば波は止まって見える．したがって，共鳴電子は波の電界により"直流的"に加速され続けて，波のエネルギーを奪ってしまう．正しくいえば，減速され続ける電子も存在するので，波の減衰量は，電子の速度分布関数の共鳴速度（ω/k）における勾配に比例する．

一方，磁界中の横波も，サイクロトロン減衰と呼ばれる無衝突減衰を起こす．磁力線方向に$v_{//}$で走る電子は，ドップラーシフトした周波数（$\omega+k_{//}v_{//}$）で波（磁場方向の波数$k_{//}$）の電場を感じる．その周波数がω_cに等しい電子（共鳴電子）はサイクロトロン共鳴を起こして，"直流的"に波の電界で加速され続けることから波が減衰を起こす．図は，均一磁場（$\omega_c=$一定）においてωを少しずつ変えたときの電子サイクロトロン波の伝搬パターンを測定した例である．この図から，$\omega/\omega_c=0.917$ではほとんど減衰しないが，サイクロトロン共鳴（$\omega/\omega_c=1$）に近づくにつれて急に減衰することがわかる [H. Sugai: Phys. Rev., **A24** (1981), p. 157].

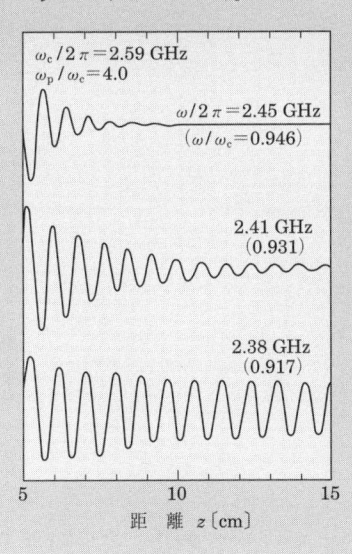

られる.

　図6・13に戻って,もう少し具体的に述べると,外からマイクロ波(角周波数ω)を照射するとプラズマ中に電子サイクロトロン波が励起され,磁力線に沿って伝わっていく.下流に進むにつれて磁界が弱くなっており,$\omega = \omega_c$となる共鳴層の近くで波は急激に減衰し,その波動エネルギーが共鳴電子に吸収される.この減衰はサイクロトロン減衰と呼ばれ,無衝突でも起こる特異な現象である(囲み記事参照).ECRプラズマをつくる場合,電磁石によって強い磁場をかけるので装置が大きくなる.そこで永久磁石を使ってコンパクトにする法が考案されたり,均一な大口径プラズマをつくるために放電周波数を450MHzに下げる方法が開発されている.

[2] ヘリコン波プラズマ

　磁場中において,電子サイクロトン周波数より十分低い周波数($\omega \ll \omega_c$)の高周波電流をアンテナに流すと,低圧力でも高密度のプラズマを容易に生成することができる.このようにしてつくるプラズマを**ヘリコン波プラズマ**(helicon wave plasma)と呼ぶ.**図6・14**はその装置の例を示しており,アンテナ部は直径

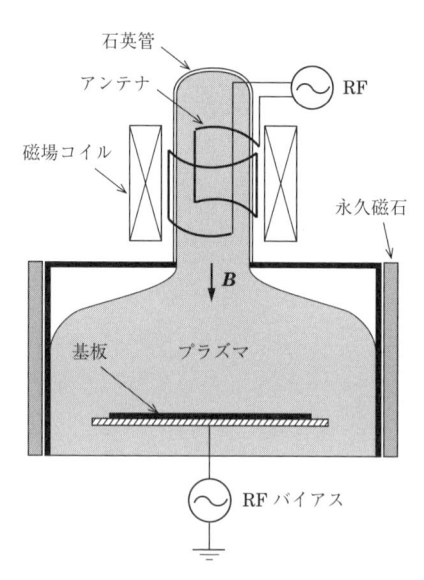

図6・14　ヘリコン波を励起してつくる高密度プラズマ

0.1 m 程度と細く，0.01 T 程度の弱い磁界のもとで 13.56 MHz, 1 kW の高周波をアンテナに印加すると，1～5 Pa の圧力において 10^{18}～10^{19} m^{-3} の強電離プラズマが得られる．このプラズマの生成機構には，ヘリコン波と呼ばれる波動が深く関与している．

6・4 節 [2] で述べたようにヘリコン波は，磁力線方向に伝わる右回りの円偏波の低周波部（$\omega \ll \omega_c$）の呼称である．式 (6·17) の下に記したように，分散式は $N^2 = R$，すなわち $c^2(k_{//}^2 + k_\perp^2)/\omega^2 \fallingdotseq \omega_p^2/\omega(\omega_c - \omega)$ で与えられる．多くの場合，ヘリコン波の磁場方向の波長 $\lambda_{//}$（$= 2\pi/k_{//}$）はプラズマの半径 a より長く，壁からの波の反射を考慮した境界条件から決まる固有モードの波がたつ．このとき分散式において，波数については $\omega_p^2/c^2 \gg k_\perp^2 \gg k_{//}^2$ であり，周波数については $\omega_p \gg \omega_c > \omega$ と近似できるので，13.56 MHz のヘリコン波の波長 $\lambda_{//}$ は磁場 B [T]，プラズマ密度 n [m^{-3}]，プラズマ半径 a [m] に対して

$$\lambda_{//} = 2\pi \alpha a \left(\frac{\omega_c}{\omega}\right)\left(\frac{c}{\omega_p a}\right) = 3.67 \times 10^{17} \frac{\alpha}{a} \frac{B}{n} \text{ [m]} \tag{6・21}$$

と与えられる．ただし，$k_{//} = 2\pi/\lambda_{//}$, $k_\perp = \alpha/a$ であり，α は波のモードと境界条件に依存する定数で $\alpha = 2$～10 程度ある．この式から，ヘリコン波の波長は近似的に磁場に比例し，プラズマ密度に反比例することがわかる．

さて，図 6·14 において石英管に巻いたアンテナ（$m = 1$ モード励起用）に高周波電流を流すと，プラズマ内の磁場がゆさぶられてヘリコン波が強く励起される．すなわち，外から投入した高周波エネルギーは，プラズマ中の波（集団運動）のエネルギーになる．この波の電場で個々の電子が加速・減速を受けて，最終的に電子の運動エネルギーが増大しプラズマが維持される．この波から電子へエネルギーが移る機構としては，波の衝突減衰のほかに，無衝突におけるランダウ減衰やアンテナ直下に局在する定在波による電子の直接加速などがあり，複雑である．

演習問題

問 1 容量結合プラズマのパワー吸収機構と宇宙線のフェルミ加速のモデルとの関係を述べよ．

問 2 面積 S の電極に角周波数 ω，電圧 V の高周波を加えたとき，電極に流れる変位

電流 I_d とイオン電流 I_i の比は

$$\frac{I_d}{I_i} \simeq \left(\frac{1}{0.6\alpha}\frac{eV}{\kappa T_e}\right)\frac{\omega}{\omega_{pi}}$$

となることを示せ．ただし，ω_{pi} はイオンプラズマ角周波数であり，シースの厚さはデバイ長 λ_D の α 倍とする．

問3 容量結合プラズマの等価回路〔図6・4(c)〕において，シース抵抗 R_K, R_A を無視し，プラズマ抵抗 $R_p = 0$ とする．電極Kの電位を $V_K(t) = V_{DC} + V_{RF}\sin\omega t$ とし，C_B は大きいので高周波分をショートするとしてプラズマ電位を $V_p(t) = \langle V_p \rangle + \widetilde{V}_p \sin\omega t$ とおくとき，$\langle V_p \rangle$ と V_{DC} が式 (6・3) と式 (6・4) で与えられることを示せ．

問4 面積 S，間隔 l の2枚の平行板電極の間が密度 n_0 のプラズマで満たされている．電子の衝突周波数を ν としてプラズマの比誘電率を計算し，プラズマのインピーダンスが右の等価回路で与えられることを示せ．ただし，$R_p = (l/S)(m_e\nu/n_0e^2)$, $L_p = (l/S)(m_e/n_0e^2)$, $C_p = \varepsilon_0 S/l$ であり，$\omega_p = 1/\sqrt{L_pC_p}$ の関係がある．

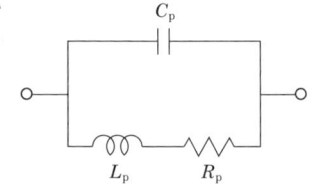

7章 エレクトロニクスと環境工学へのプラズマ応用を学ぼう

　プラズマは，エネルギーから物質・材料，さらに環境・宇宙の分野に広く利用されていることを1・3節で述べた．本章ではその中から，急速に発展しつつある先端エレクトロニクスと環境工学への応用を取り上げて説明する．プラズマの気相反応や表面反応あるいは熱エネルギーが，実際にどのように利用されているかを基礎的に理解しよう．

① LSIをプラズマエッチングでつくる[1)]

[1] 集積回路の作り方

　1960年代の初めに登場した集積回路（integrated circuit；IC）は，パソコン，家電製品，自動車などほとんどの製品に組み込まれるようになった．そのICのコンセプトは，可能な限り多くのトランジスタやキャパシタなどの素子を，人の爪ほどの面積しかない一つのチップの上に集積してデバイスの小形化，記憶容量の増大，処理速度の高速化を図ろうとするものである．代表的な集積回路であるDRAM（dynamic random access memory）の場合，64メガビットのメモリ（256ページの新聞，20分の録音テープに相当）のチップ（$10 \times 20 \, mm^2$のSiの小板）には，約1億個のトランジスタが詰め込まれている．このような大規模集積回路（LSI）をつくるには，どこまで微細な加工ができるかが最大のポイントとなる．生産ラインにおける最小加工寸法は1997年に$0.25 \, \mu m$であったが，2001年に$0.1 \, \mu m$（1ギガビットのDRAM），2012年までに$0.05 \, \mu m$を達成することが目標となっている．人間の髪の毛の太さが$50\mathchar`-100 \, \mu m$ほどであるから，その1/1000くらいの寸法となり，可視光の波長（$0.4 \sim 0.8 \, \mu m$）より短い超微細加工が必要となる．

　図7・1はLSIをつくるときの基本的な工程の例として，薄膜に微細な穴（または溝）をあける順序を示したものである．最初に，シリコンの単結晶の棒をスライスした基板（直径$20 \sim 30 \, cm$）を用意し，①のように，その上に用途によって金属（配線用のAlなど）や誘電体（層間絶縁やゲート形成用のSiO_2ほか）など

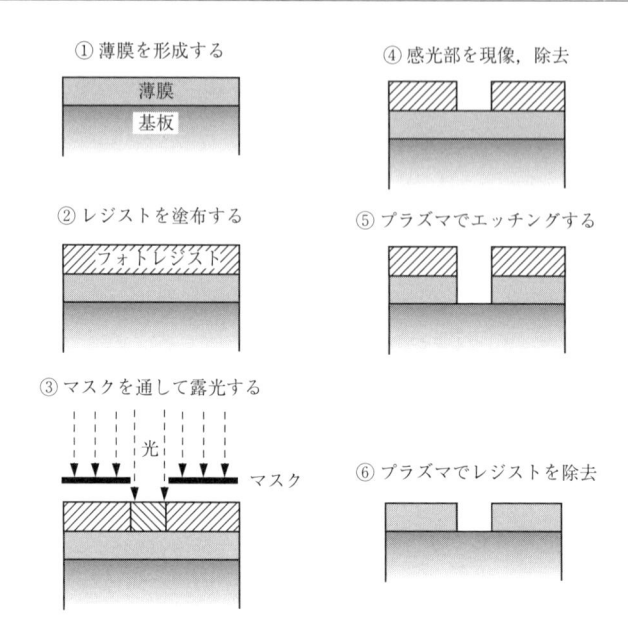

図7・1 LSI製造の基本工程

① 薄膜を形成する
② レジストを塗布する
③ マスクを通して露光する
④ 感光部を現像，除去
⑤ プラズマでエッチングする
⑥ プラズマでレジストを除去

の薄膜を形成する．次にスピナー上で回転した板上にホトレジストを滴下して，②のように薄い感光膜を形成する．その材質は炭化水素の重合膜（C_nH_m）である．続いて，あらかじめコンピュータなどを使って巨大な図面（回路）を用意し，これを縮小してマスク（ネガフィルム）をつくり，③のように，これを通して紫外光を当てて露光する．感光した部分を専用の現像液で洗い流して，④のように回路の転写が終わる．ここまでをリソグラフィ工程という．この残った絵は，感光（photo）でつくられて次の工程では加工を妨げる（resist）ので，ホトレジストと呼ばれる（単にレジスト，あるいはマスクともいう）．次に⑤のように，反応性の高いプラズマにさらしてホトレジストのない部分の薄膜をエッチングし，終了後に⑥のように酸素プラズマによってホトレジストを除く．この工程はレジストが酸素で燃えてCO_2とH_2Oになるので，アッシング（ashing；灰化）と呼ばれる．

このようにして，目的とした回路パターンの一つである⑥の薄膜形状が得られる．さらに何度も①～⑥の工程を繰り返して複雑な集積回路を完成させる．なお，①の薄膜形成をせずに②から④まで進み，ホトレジストで覆われていないむき出しのシリコン基板を直接，酸素や窒素を含むプラズマにさらすとSiO_2膜やSi_3N_4膜が得られ，また，イオン注入によって不純物ドーピングをしてp形半導体層や

n形半導体層をつくり，MOSFET（次項参照）をつくることができる．その他，ICにおけるキャパシタなどの回路素子，配線，コンタクト，保護膜などがプラズマを用いてつくられている．一つのICを生産するのに要する工程数は200～400といわれ，その40～50％にプラズマプロセス技術が用いられている．特に，最も難しく重要な超微細加工である⑤のエッチング工程は，プラズマなくしては不可能である．図7・2に，混合気体（C_4F_8, CO, O_2, Ar）のマイクロ波放電で生成した表面波プラズマを用いてシリコン酸化膜（SiO_2）をエッチングした例を示す．

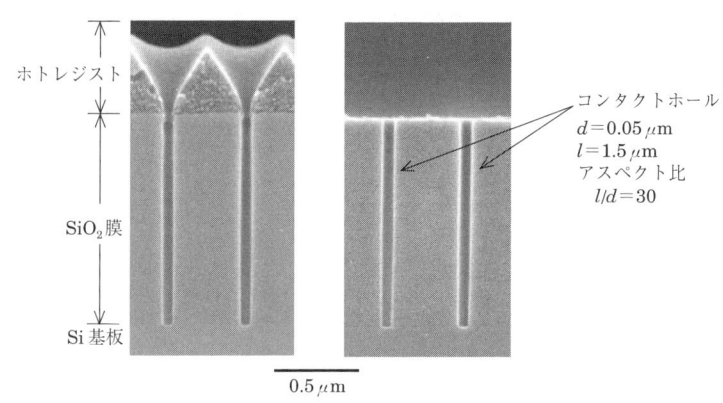

図7・2 シリコン酸化膜（SiO_2）をエッチングして直径 $0.05\,\mu m$ のコンタクトホールを形成した例．(a)はホトレジストの角が削れて残っており，これをアッシングして除いたのが(b)である．

［2］ 塩素プラズマによるpoly-Siエッチング

代表的な絶縁ゲート形の電界効果トランジスタ（field effect transistor；FET）として，MOS（metal-oxide semiconductor）FETがある．これは，極めて小さな寸法でつくることができるので，ICによく用いられている．このMOSFETの構造は，シリコン基板の上に薄いSiO_2の絶縁膜をはさんで多結晶シリコン（ポリシリコン；poly-Si）のゲート電極をつける形になっている．図7・3は，塩素プラズマによるpoly-Siのエッチングを行って，ゲート電極をつくる工程を示している．

まず，同図(a)のように，シリコン基板を全面，熱酸化して高品質の酸化膜（SiO_2）を約5nmの厚さに薄く形成し，その上にpoly-Siを厚さ$D \fallingdotseq 1\,\mu m$ 程度堆

(a) エッチング直前

(b) Cl原子による等方性エッチング

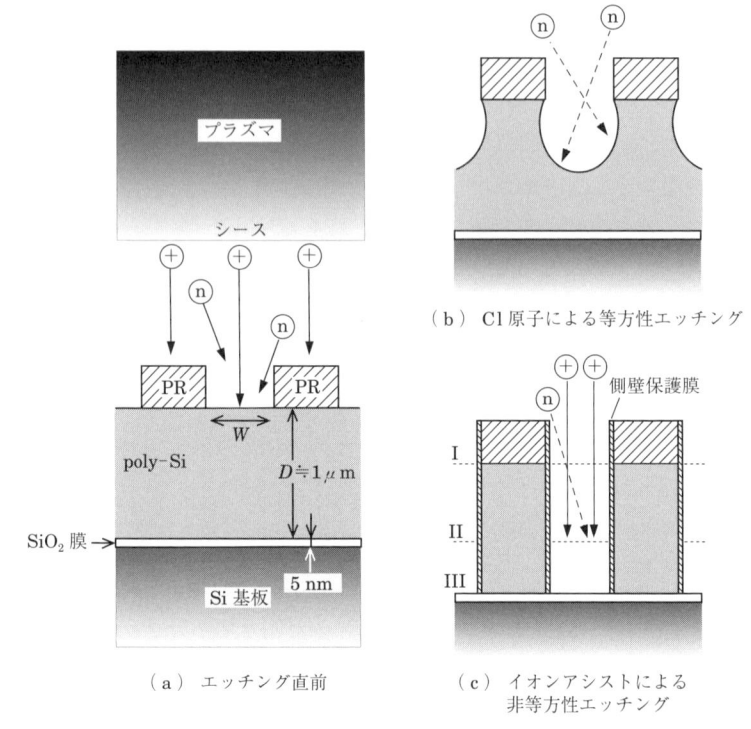

(c) イオンアシストによる非等方性エッチング

図7・3 塩素プラズマによるpoly-Siのエッチング
塩素イオン⊕と塩素原子ⓝによってシリコンがけずられるようす.

積させてからパターン幅 $W=0.1\sim0.5\mu m$ のホトレジスト（PR）をつける．次に，塩素ガスを用いて放電を起こすと，プラズマ内の電子が塩素分子と衝突して次のような電離や解離が起こる．

$Cl_2 + e \longrightarrow Cl_2^+ + 2e \quad (\varepsilon > 13.2\,eV)$

$Cl_2 + e \longrightarrow Cl^+ + Cl + 2e \quad (\varepsilon > 15.5\,eV)$

$Cl_2 + e \longrightarrow Cl + Cl + e \quad (\varepsilon > 3.7\,eV)$

$Cl_2 + e \longrightarrow Cl^- + Cl \quad (\varepsilon = 0\text{ で最大確率})$

その結果，プラズマ中には多量の活性な中性原子（Cl），イオン種（Cl_2^+, Cl^+）および負イオン（Cl^-）が発生する．

塩素プラズマ中の正イオン（主として Cl_2^+）は，シリコン基板のまわりにできるシースによって加速され，ホトレジスト面にほぼ垂直なビームとなって入射する（通常，シースの厚さはレジストの凹凸のディメンションよりずっと厚いので，

シース電場はシリコン基板の面にほぼ垂直である).それに対して,電荷をもたない塩素原子は電場の力を受けずにシースを通過してくるので,等方的な速度分布をもって基板に入る.したがって,基板面に斜めに入射する確率が高い.このようなイオン⊕と中性原子⑪の方向性の違いを利用して同図 (b), (c) のような等方性エッチングや非等方性エッチングを行うことができる.

まず,同図 (b) は,簡単のためにイオンを無視して Cl 原子のみが入射する場合のエッチングの進み方を示している.一般に,Cl 原子は,シリコン表面に到達・吸着して,表面を動く間に Si 原子と熱的に化学反応を起こして蒸気圧の高い分子(揮発性分子)である $SiCl_2$ や $SiCl_4$ を形成する.固体表面(solid surface)のシリコン原子を Si(s) と表せば,化学反応式は $Si(s) + 2Cl \rightarrow SiCl_2 \uparrow$,$Si(s) + 4Cl \rightarrow SiCl_4 \uparrow$ と書ける.生成された揮発性分子は容易に固体表面から脱離し,気相中を動く間に排気されてしまう.すなわち,Cl 原子は,シリコン表面の Si 原子を気体分子の形に変えることによりシリコンを削る(エッチングする).そのため,同図 (b) のように,レジストの穴を通過して斜めに入射した Cl 原子によってもエッチングが起こり,丸みをおびた**等方性エッチング**が進行する.

次に,基板を負にバイアスしてシース電場を強め,イオンを 50 eV くらいに加速して基板に当てると,同図 (c) のようにエッチングは基板面に垂直に進む(**非等方性エッチング**).すなわち,時間がたつにつれてエッチング面は図の横の破線 I,II のように下がっていき,最終的に III の時刻に poly-Si のエッチングが終了し,細い穴を深く削り取ることができる.このような方向性をもったエッチングは次のような機構で起こる.Cl 原子が吸着している表面にイオン衝撃を与えると,衝撃がない場合よりもエッチングが速く進む.すなわち,イオンの運動エネルギーが基板上の Cl 原子と Si 原子に与えられ,その結果,①反応の活性化エネルギーを超える原子(吸着 Cl,基板 Si 原子)が増えるのでエッチング反応が進み,②反応種(Cl 原子,イオン)の表面吸着量が増え,③エッチング生成物($SiCl_2$,$SiCl_4$)が表面から脱離するのを促進する.このような**イオンアシスト効果**(assist;支援)を考慮すると,シースで加速されたイオンは基板面に垂直に進むので,イオンが直接当たる穴の底面のほうが側壁よりも速くエッチングが進むことになる.

しかし,上述のイオンアシスト効果だけでは高アスペクト比($D/W \gg 1$)の穴をまっすぐ深く掘るには不十分である.実際には図 7·3 (c) に示すように,穴の

側壁にエッチングを妨げる薄膜（側壁保護膜）を形成させるために，ある種のガスを添加したりする．また，ホトレジストがイオン衝撃で損耗し，それが側壁に付着して保護膜として働くことも知られている．エッチングが進行して同図 (c) のⅢの時刻にpoly-Siの底まで削れると，下地のSiO_2膜（ゲート絶縁膜）が現れる．そのままエッチングが進むと，非常に薄い絶縁膜は容易に削れてしまう．したがって，SiO_2のエッチングレートがpoly-Siのそれよりも十分小さいこと（高いエッチング選択比）が重要である．一方，SiO_2膜は絶縁物なので，プラズマからの電荷が表面に蓄積され，それが大きくなるとトンネル効果で電荷が下地のSi基板を通して流れるときに，ゲート絶縁膜にダメージ（損傷）が生じることがあり，デバイスの信頼性が失われるので大きな問題となる．

[3] フルオロカーボンプラズマによるSiO_2エッチング

半導体ICの作製において，配線の絶縁や層間絶縁に最も多く用いられる誘電体材料は，シリコン酸化膜（SiO_2）である．これをエッチングするのに，CF_4やC_4F_8のようなフッ素と炭素を含むフルオロカーボン（fluorocarbon）系のガスの放電が用いられる．なぜなら，フッ素はSiO_2のSiと反応してSiF_4分子をつくり，炭素はSiO_2のOと反応してCO分子をつくるので，固体のSiO_2をそれらの気体に変えて削り取ることができるためである．しかし，そのエッチング反応の詳細はまだ十分に解明されていない．CF_4を例にとれば，まず，親分子CF_4はエネルギーの高い電子との衝突によって各種の中性ラジカルやイオンに分解される．すなわち

$$CF_4 \xrightarrow{e} CF_3, CF_2, CF, F, C \text{ およびそれらのイオン}$$

に分解される．次に，これらの活性種が拡散や電場によってSiO_2膜表面に到達し，表面上で化学反応が進行する．表面に衝突するイオンのエネルギーが50eV以下のような低エネルギーのときは，SiO_2膜のエッチングは起こらず，逆に膜の上にCとFからなる重合膜の堆積が起こる．基板に強いRFバイアスをかけて，イオンの衝撃エネルギーを，例えば500eV程度に上げると，酸化膜のエッチングが起こる．これは，強いイオン衝撃のもとに起こるエッチング反応なので，**反応性イオンエッチング**（reactive ion etching：RIE）と呼ばれる．

エッチングが進行している状態を観測すると，表面上に5nm程度の薄い反応層（C, F, Si, Oからなる）が定常的にあり，表面からSiF_4，CO，CF_2，CF_4などが脱離している．すなわち，表面へ入射したC, F原子の一部は，SiF_4，COとなってシリ

コン酸化膜のSi原子とO原子を除去するのに消費され，残りはCF_2，CF_4となって気相へ戻る．酸化膜（SiO_2）が定常的にエッチングされるとき，Si原子1個についてO原子2個の割合で除去されるはずであり，表面反応は

$$SiO_2(s) + 2CF_2 \longrightarrow SiF_4\uparrow + 2CO\uparrow$$

という形に書くことができる．この左辺の$2CF_2$は気相からくる反応種の効果を示すが，$2CF_2$を（CF_3+CF）と書くこともできる．このことからもわかるように，気相からきたラジカル種がそのまま反応することを示すものではなく，上の反応式は原子数の保存を示しているにすぎない．実際には，例えばCF_3^+イオンは500 eVものエネルギーで衝突すると，表面でバラバラになり中性ラジカルとして表面を動く．入射イオンはF原子によるエッチング反応を促進させるだけでなく，スパッタリングも起こす．また，入射した中性ラジカルは表面上を動き回る間に，未結合手を見つけて終端したり（solid-Si- + F→solid-Si-F），すでにあるSi–Si結合を切ったり（solid-SiF_3 + F→solid- + $SiF_4\uparrow$），複雑な反応が進み最終的に揮発性の高い分子（SiF_4，CO）が形成されて表面から脱離する．このような表面反応のようすを模式的に描いたのが**図7·4**である．

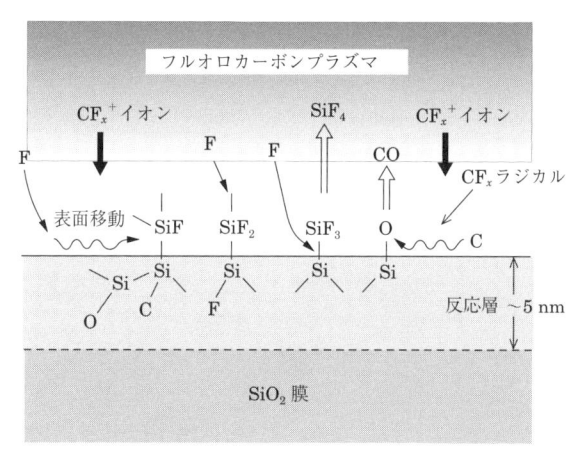

図7·4 SiO_2膜がSiF_4とCOになってエッチングされる表面反応のようす

② アモルファスシリコン薄膜をプラズマCVDでつくる[2)]

化学蒸着法（chemical vapor deposition；CVD）は，原料ガスを基板上に供給

し，気相中または基板表面での化学反応により膜を堆積させる方法である．その化学反応を起こさせるのに，ガスを加熱する場合を熱CVD，気体放電を用いる場合をプラズマCVDという．熱CVDにおいては，容器，基板，原料ガスを高温に，例えば1000°Cまで加熱する必要があるが，プラズマCVDでは常温の容器の中で放電を起こし，電子衝突によってガスを分解して活性種をつくるため，基本的に低温プロセスである．この省エネルギー・低コストの利点は，1m^{2}もの大面積の薄膜を用いるジャイアントエレクトロニクスの作製プロセス，例えば太陽電池や液晶ディスプレイ（liquid crystal display：LCD）用の薄膜トランジスタ（thin film transistor：TFT）の作製において最大限に発揮される．

　液晶ディスプレイパネルは**図7・5**のような構造を示している．プラズマCVDとエッチングで作製したTFTを用いて，絵素ごとに液晶層にかける電圧を制御し，バックライトの白色光を偏光板，カラーフィルタを通して赤緑青（RGB）の3色の光に分解して表示するしくみになっている．面積730×920 mm^{2}のパネルの量産が2000年から始まり，1枚のパネルにのるTFTの総数は300万個にも達する．一方，太陽電池は地球環境への負荷が少ないクリーンエネルギー源の一つとして期待されており，プラズマCVDによる大面積シリコン薄膜の高速製膜，高品質化，コスト低減への努力が続けられている．

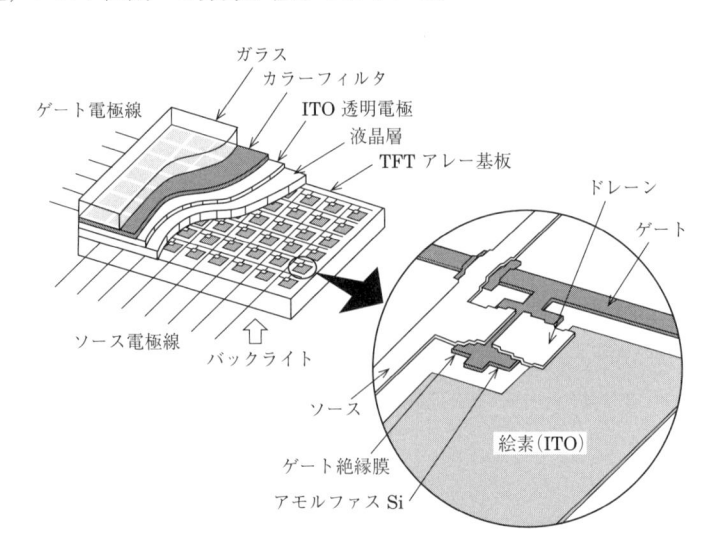

図7・5　液晶ディスプレイパネルの構造．数百万個のTFT（薄膜トランジスタ）が絵素を一つ一つ制御してカラー表示する．

2 アモルファスシリコン薄膜をプラズマCVDでつくる

　太陽電池や液晶用TFTに必要な大面積シリコン薄膜は，プラズマCVDによってガラス基板上に直接作製することができる．均一な大口径プラズマを得るのに最適な方法として，6章の図6・3(a)の容量結合プラズマが用いられ，接地電極の上に基板をおき，$150 \sim 300\,°\mathrm{C}$に基板温度を設定する．原料ガスとしてモノシラン（$SiH_4$）を用いて数百mTorrで放電すると，電子密度$\simeq 10^{15}\,\mathrm{m}^{-3}$程度のプラズマが発生する．プラズマ内では約10eV以上の高エネルギー電子がSiH_4分子と衝突することによって，次のように解離や電離が起こり，中性ラジカル（SiH_3，SiH_2, SiH, Si）とH_2, Hおよびそれらのイオン種（SiH_x^+, H_x^+）が大量に生成される．

$$SiH_4 + e \longrightarrow SiH_3 + H + e \qquad (\varepsilon > 8.75\,\mathrm{eV})$$

$$SiH_4 + e \longrightarrow SiH_2 + H_2 + e\,;\,SiH^* + H_2 + H + e \quad (\varepsilon > 9.47\,\mathrm{eV})$$

$$SiH_4 + e \longrightarrow SiH_x^- + (4-x)H \qquad (\varepsilon \simeq 10\,\mathrm{eV})$$

$$SiH_4 + e \longrightarrow SiH^* + H_2 + H + e\,;\,Si + 2H_2 + e \quad (\varepsilon > 10.33\,\mathrm{eV})$$
$$\hookrightarrow SiH + h\nu\,(414\,\mathrm{nm})$$

$$SiH_4 + e \longrightarrow Si^* + 2H_2 + e \qquad (\varepsilon > 10.53\,\mathrm{eV})$$
$$\hookrightarrow Si + h\nu\,(288\,\mathrm{nm})$$

$$SiH_4 + e \longrightarrow \begin{bmatrix} SiH_3^+\ (\varepsilon > 12.3\,\mathrm{eV})\,;\,SiH_2^+ & (\varepsilon > 11.9\,\mathrm{eV}) \\ SiH^+\ (\varepsilon > 15.3\,\mathrm{eV})\,;\,Si^+ & (\varepsilon > 12.5\,\mathrm{eV}) \end{bmatrix}$$

プラズマ中のラジカル密度を測定すると，SiH_3が最も多く存在して$10^{18}\,\mathrm{m}^{-3}$程度であり，その他のSiH_2, SiH, Siは$10^{14} \sim 10^{15}\,\mathrm{m}^{-3}$である．なお，上記の1次反応に加えて2次反応として，イオン・分子反応（$SiH_2^+ + SiH_4 \to SiH_3^+ + SiH_3$）やラジカル・分子反応（$SiH_2 + SiH_4 \to Si_2H_6$；$H + SiH_4 \to H_2 + SiH_3$）が起こる．ちなみに，安定分子$SiH_4$, H_2, Si_2H_6の密度は，それぞれ$\simeq 10^{21}\,\mathrm{m}^{-3}$, $\simeq 10^{20}\,\mathrm{m}^{-3}$, $\simeq 10^{19}\,\mathrm{m}^{-3}$である．

　さらには，気相中に直径$50 \sim 200\,\mathrm{nm}$の微粒子（パウダ）が発生してくることも知られている．この微粒子の成長過程は次のようである．初めにSiH_2ラジカルなどが次々と重合してSi原子を$4 \sim 5$個含む中性粒子ができる．このくらい大きくなると電子付着の断面積が急に大きくなるため，電子が付着して負イオンになる．一度負イオンになってしまうと，壁のシース電位で反射されるので逃げることができず，プラズマ内に極めて長時間閉じ込められる．その間に負イオンに次々とSiH_2ラジカルなどが付着して雪だるま式に大きくなり，さらに，大きく

なった粒子同士が合体し，微粒子のサイズが急成長する．微粒子の密度は条件にもよるが，$10^{14} \sim 10^{15} \mathrm{m}^{-3}$である．

さて，シリコン膜の堆積速度は，活性種のフラックスとその粒子が表面に付着する確率（付着係数）に比例する．ラジカルの付着係数は，表面温度や表面の粒子組成などによって変化するが，不対電子を多くもつ小さいラジカル（Si，SiHなど）のほうが大きいラジカル（SiH_3）より付着しやすい傾向がある．しかし，ラジカル種によって付着係数の値が桁違いに異なるということはないのに対して，フラックスはSiH_3のほうがほかのラジカル種よりも3桁も多い．したがって，主にSiH_3ラジカルによってシリコン膜が形成されると考えられている．

図7・6は，成長中のシリコン膜の表面でSiH_3がどのようにふるまうかを説明している．同図の左側から見ていくと，まず，プラズマからSiH_3が基板へ入射すると，何割かは反射して気相に戻る．残りのSiH_3は，表面をランダムに動いて拡散する間にSiH_3同士が再結合してSi_2H_6分子になると，これは安定分子であるからすぐに表面から離れて気相へ戻る．またSiH_3は表面を移動するうちに最表面にあるH原子と引き抜き反応を起こし，SiH_4分子となって気相へ戻る（SiH(s)

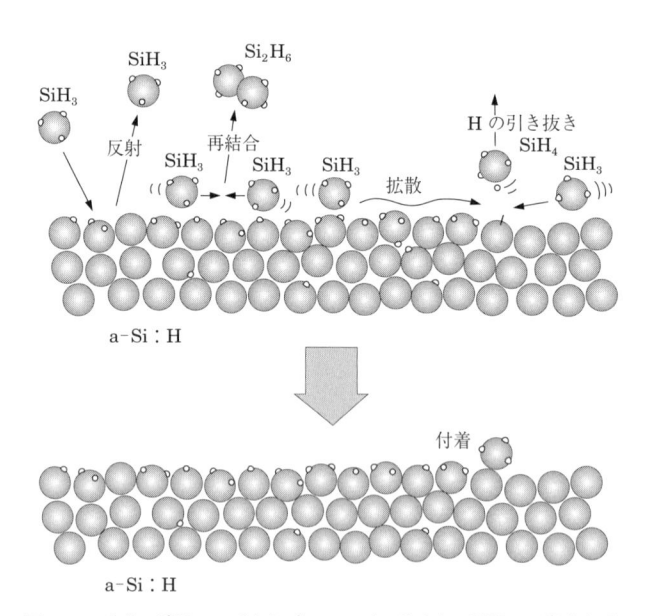

図7・6 大きい球は**Si**，それにくっついている小さい球は**H**，突き出ている針はダングリングボンドを表す．プラズマからきたSiH_3は表面を動く間にダングリングボンドに付着して膜をつくっていく．

$+ SiH_3 \rightarrow Si\text{-} + SiH_4\uparrow$）．このように，気相に戻る場合は膜成長に寄与しない．しかし，引き抜かれた後には，不対電子をもつダングリングボンド（dangling bond：未結合手）ができている．このダングリングボンドの所に（Si^-）SiH_3ラジカルが拡散してきたときに，両者の不対電子が共有結合を形成する．すなわち，SiH_3ラジカルはダングリングボンドを終端して付着し，シリコン原子が表面に固定される（$Si\text{-} + SiH_3 \rightarrow Si\text{-}SiH_3$）．

このことからわかるように，膜の成長はSiH_3がダングリングボンドにとらえられながら進行し，一般に，シリコン膜の中には多くの水素原子とわずかのダングリングボンドを含み，膜の構造は単結晶より秩序が乱れたアモルファス（非晶質）である．したがって，このようなプラズマCVDで作製された膜は**水素化アモルファスシリコン**と呼ばれ，a-Si：Hと表記する．最終的に膜中に残ったダングリングボンドは，太陽電池における光励起キャリヤの再結合中心として働きキャリヤ寿命を短くするので，ダングリングボンドの密度（以下，欠陥密度と呼ぶ）を下げることが重要である．製膜中にダングリングボンドが発生する過程は，前述のSiH_3によるHの引き抜き反応だけでなく，熱的に表面の水素が抜けてH_2となって脱離するときにも発生する（$SiH(s) + H \rightarrow Si\text{-} + H_2\uparrow$）．したがって，基板温度が500℃と高すぎると，水素が抜ける後者の影響で欠陥密度が増えてしまう．逆に，室温程度と低いときはSiH_3が表面を遠くまで移動できないので，ダングリングが埋められず残ってしまい欠陥密度が多くなる．その中間の250℃くらいの基板温度のときに欠陥の少ないa-Si：H膜を高速で作製することができる．

③ プラズマディスプレイのしくみ[3]

カラー表示の壁掛けテレビをめざしてPDP（プラズマディスプレイパネル）の開発が進んでいる．PDPは，従来のブラウン管形テレビに比べて大面積化や薄形化が容易であり，液晶テレビに比べると自発光のためバックライトが不要で広視野角であるなどの利点をもっている．PDPの原理は，キセノン（Xe）ガスの放電から出る紫外線を蛍光体に当てて，赤緑青（RGB）の可視光に変換することにある．**図7・7**は，同一平面上の二つの電極（表示電極という）に交流電圧を印加する面放電AC形のPDPのしくみを示している．放電領域（セル）のサイズは$1 \sim 100\mu m$と極めて小さく，そこにXeをNe（またはHe）で5％くらいまで希釈

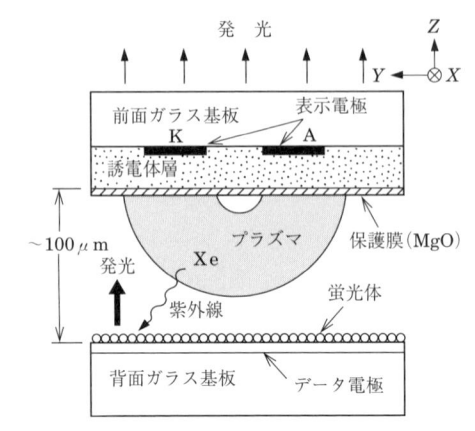

(a) キセノンからの紫外線で蛍光体が発光する．

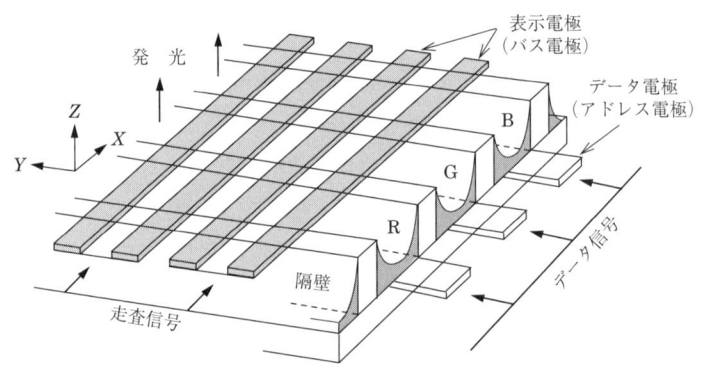

(b) 表示電極（X方向）とデータ電極（Y方向）が交わったところでキセノンの放電が起こる．

図7・7　面放電AC形のカラープラズマディスプレイのしくみ

した混合ガスを大気圧近く（$p=70\,\mathrm{kPa}$）封入する．この圧力pと電極間隔lとの積は$pl\fallingdotseq 3\,\mathrm{Pa\cdot m}$であり，4章の図4・4のパッシェン曲線の谷のあたり（最も放電しやすい条件）になっている．

図7・7(a)の表示電極Kを基準として，電極Aに矩形パルス電圧（$\fallingdotseq 250\,\mathrm{V}$, 幅$\fallingdotseq 1\,\mathrm{\mu s}$）を加えて放電させるときを考えよう．陰極Kから出た2次電子は，電離増殖をしながら陽極Aに進み，放電が始まる．しかし，Aは誘電体（絶縁物）で覆われているのでその壁面に電子がたまり（負に帯電する），まもなく電位が下がって放電電流がほとんど流れなくなる（誘電体バリヤ放電のため）．$1\,\mathrm{\mu s}$後に印加電圧がゼロになるとすぐにプラズマは消滅し，さらに数$\mathrm{\mu s}$後には壁面上に

帯電していた電荷も消えて初期状態に戻る．そこに再び矩形パルス電圧を印加する，というサイクルを繰り返して交流的にセルの中で微少な放電を行う．生成されるプラズマの密度は$10^{20}\,\mathrm{m}^{-3}$程度で，電子温度は2eVくらいである．

このプラズマの中のイオン種を調べると，Xeガスはわずか数％にもかかわらずXe^+イオンがNe^+イオンよりはるかに多い．その理由は，電子衝突によるXeの直接電離（$e + Xe \rightarrow Xe^+ + 2e$）のしきい値が12.1 eVであり，Ne電離の21.6 eVより低いだけでなく，次のペニング効果（2・4節 [2] 参照）がきいている．

   ① 準安定への励起：$e + Ne \rightarrow Ne^m(3^3P_0, 3^3P_2) + e$　　（$\varepsilon > 16.62\,\mathrm{eV}$）
   ② 準安定原子による電離：$Ne^m + Xe \rightarrow Ne + Xe^+ + e$

すなわち，①の電子衝突によってプラズマ密度を上回る多量の準安定原子（Ne^m）が生成され，次にこれがXe原子を電離して②のようにXe^+イオンを生成する．NeでXeを希釈するのは，上のようなペニング効果を利用して電離効率を上げ，放電電圧を低くするためである．同様なペニング効果はHe希釈でも見られる．

PDPの動作ガスとしてXeを用いるのは，上のようなペニング効果のためだけでなく，キセノンプラズマから出る波長147 nmの紫外線が蛍光体を励起してRGBの可視光に変換するのに適しているからである．すなわち，

   ③ 電子衝突励起：$e + Xe \rightarrow Xe^*(^3P_1) + e$　　（$\varepsilon > 8.44\,\mathrm{eV}$）

によって生成された励起原子Xe^*が，次のように強い共鳴線（147 nm）を出して基底状態に戻る．

   ④ 光子の自然放出：$Xe^* \rightarrow Xe + h\nu$　　（147nm）

このようにして蛍光体から放出された3原色の光は，前面ガラス基板を通って外に出てくる．

④ プラズマを用いる環境改善技術

近年，地球温暖化をもたらすガス（CO, CH_4, NO_x, SF_6など）や，オゾン層を破壊するガス（CF_3Clのような塩素を含むフロンガス）の排出や，PCB，車の排気ガスなどの，人体に有害な物質の排出に対して厳しい法的規制が課されるようになった．そこでプラズマを応用して，燃焼排ガスの浄化，都市ごみの処理，産業廃棄物の処理などの環境改善を行う技術が注目されている．この場合，プラズマは大気圧でつくられ，定常な熱平衡状態（$T_e \simeq T_i \simeq T_n$）にあるアークプラズ

マ（熱プラズマ）と，パルス的な放電を繰り返す非熱平衡プラズマ（$T_e > T_i, T_n$）が用いられる．それらを用いた環境対策技術を1章の図1・3の右側に記載したが，以下に実例をいくつか紹介する．

[1] 電気集じん装置(注)と空気清浄器[4]

石炭火力発電所，製鉄所，廃棄物焼却炉などのボイラーから出る燃焼排ガスには大量の微粒子（ダスト，ミスト）が含まれる．これらを捕集し除去するのに，**電気集じん装置**が古くから用いられている．そのしくみを**図7・8**に示すが，原理的には大気圧のコロナ放電で発生する非熱平衡プラズマを利用している．接地した2枚の平板（集じん板）を30cmくらい離して設置し，その中に細い放電線（直径≒2mm）を放電枠で支持して何本も張り，これに負の直流高電圧（≒45kV程度）を加えると0.2mA/m程度の放電電流が流れる．放電線はコロナ放電で覆われ青白く光り，プラズマが発生する．この2枚の集じん極の間をダクトとして燃焼排ガスを流すと，その中に含まれる微粒子に電子が付着して負に帯電し，強い電場によって集じん極に引き寄せられて平板上に微粒子が捕集される．このようにして浄化されたガスが煙突から排出される．実際に1000MW火力発電所で用いられている電気集じん装置は高さ26m，幅87m，奥行18mと非常に大きいものである．一方，家庭や病院用に**空気清浄器**として小形のものも市販されており，たばこの煙やほこり，花粉などの室内空気汚染を除くのに利用されている．

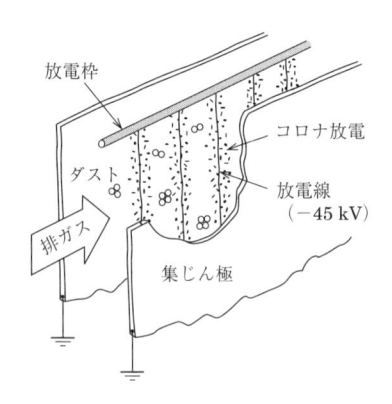

図7・8 電気集じん装置のしくみ

(注) 集じん（集塵）は，ちり（塵）を集める意．

[2] オゾン発生器[5]

大気中で電気火花が生じるとき,独特の刺激臭がただようことがある.これは,酸素原子3個からなる分子,オゾン(O_3)によるものである.オゾンは強い酸化力をもつので,放電によってオゾンを発生させ,悪臭源を酸化分解して脱臭する研究が早くから行われている.近年,工業用の大形**オゾン発生器**(オゾナイザ;ozonizer)が開発されて,殺菌,酸化,脱色,脱臭などに広く利用されている.

オゾンの発生には,**図7・9**に示すような誘電体バリヤ放電(大きな音がしないので無声放電ともいう)が用いられる.2枚の平行板電極をガラスのような誘電体で覆い,乾燥空気または酸素を大気圧近くで図のように左から右へ流す.両電極間に10kV程度の交流電圧(周波数50Hz~10kHz)を加えると,図に破線で示すように,短時間に点滅を繰り返す微少な放電柱(直径≒0.1mm,放電パルス幅≒数十ns,電子密度≒$10^{20}\,\mathrm{m}^{-3}$)が電極間に多数発生する.このような繰返しパルス放電になるのは,誘電体が放電を妨げるバリヤ(barrier)の働きをするからである.すなわち,誘電体は絶縁物であるから,その表面に電場で運ばれてきた電子やイオンがたまり,チャージアップによる電場が外部印加電場を打ち消すので短時間に放電が消える.次に再結合によって面電荷が消えると再び電離が開始する,という周期を繰り返す.このようにして誘電体は,コロナ放電が成長してストリーマ放電やアーク放電に至るのを防ぐ重要な働きをする.また,短時間のパルス放電なのでイオンが加速される前に放電が終わり,電極が過度に加熱されない.

バリヤ放電プラズマ中の電子は酸素分子と衝突し,解離反応

$$O_2 + e \longrightarrow 2O + e \quad (\varepsilon > 8\,\mathrm{eV})$$

によって酸素原子をつくる.この原子は次に三体衝突反応

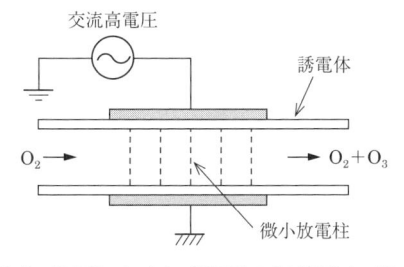

図7・9 オゾン発生器のしくみ(誘電体は高圧側だけに設けることがある)

$$O + O_2 + M \longrightarrow O_3 + M$$

を起こしてオゾン（O_3）を生成する．ここに，第三体のMはO, O_2またはO_3である．このオゾン生成効率を高める研究が現在進められている．放電構造としては，図7・9の平行板形のほかに円筒形も可能であり，フロン，トルエンなどの有害ガスの分解無害化や自動車排気ガス（NO_x, SO_x）の処理などにもバリヤ放電は有効である．例えば，ディーゼル車の排気ガス処理は，バリヤ放電によってNOをNO_2に変えてから，NO_2を金属酸化物触媒で除く方法がとられる．

[3] 熱プラズマによる都市ごみ処理[6]

　一般の都市ごみを800～900℃の焼却炉で燃やした後に残る灰や，電気集じん器で捕集された灰には，重金属類やダイオキシン類が含まれる．こうした有害物質の分解・無害化・排出抑制が求められ，また，焼却灰を高温で溶かしてから固化し，埋め立てたり土木資材として再利用することが求められている．焼却灰の主成分はシリカ（SiO_2），アルミナ（Al_2O_3），CaOなどであり，融点が1100℃以上と高い．そこで，これを溶かす熱源として大気圧の直流アークプラズマ（熱プラズマ）が利用されている．例えば，1500kWの直流プラズマトーチを2本用いて，1日当たり52トンの灰処理が行われており，**図7・10**はその装置の概略を示している．放電ガスとして圧縮空気を利用し，グラファイトを陰極として金属円

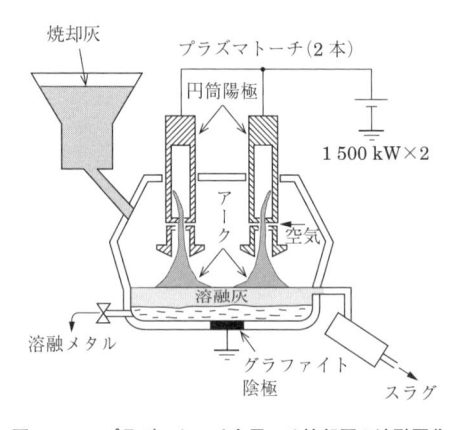

図7・10 プラズマトーチを用いる焼却灰の溶融固化

筒に正電圧を加えると，たいまつ（トーチ：torch）のようにアークプラズマが円筒から吹き出して陰極容器に達する．この容器に投入される焼却灰は，高温・高密度のプラズマによって溶かされ，低沸点の物質は気体となって排気され，ダイオキシン類（ポリ塩化ジベンゾパラジオキシンなど）は99.9％分解される．高融点の金属酸化物は，還元されて原子にまで分解され，金属として溶けている．容器内に溶け残っているスラグはオーバフローし，急冷されて固化し，容器の底にたまる溶融金属は定期的に流して取り出す．このようにしてプラズマ処理は焼却灰を溶融固化し，廃棄物の体積を半減させるとともに無害化に役立っている．

強い光でプラズマをつくる

白熱電球などの通常の光源からの光（電磁波）は，多くの波長や位相，進行方向などに分布しているので，一つのモードの光の強度はあまり強くない．しかし，誘導放出を利用した光共振器から引き出されるレーザ光は，単一波長で特定の方向にビーム状に走り，これをレンズで集光すると極めて強い光電界が発生する．例えば，可視光である波長500 nm，エネルギー1 J，パルス幅1 nsのレーザ光を集光すると，電界強度は$E_l \simeq 2 \times 10^{11}$ V/mに達する．この強さは，水素原子内の電子の束縛電界E_aと同程度であり，レーザ光を原子や分子に当てると光電界によって電離や解離を起こすことができる（この機構は，光子エネルギー$h\nu$が分子の電離エネルギーeV_1より大きいときに起こる光電離とは異なる）．

$E_l < E_a$であっても，確率は小さくなるが，多光子吸収によって原子（分子）はレーザ光によりイオン化される．このようにして光電離で生じた電子がタネとなって光電界で加速され，電子衝突による電離がなだれのように起こって気体が絶縁破壊され，プラズマが生成される．

一方，固体表面にパルスレーザを集光すると，物質は光を吸収して加熱，溶解，プラズマ化する（レーザアブレーションと呼ばれる）．そのために必要なレーザ光強度は，例えば波長1 μm，パルス幅1 ns程度のとき，金属で約100 mJ/cm²，誘電体多層膜で5～10 J/cm²である．レーザ光の強度を高めて10^{14} W/cm²程度にすると，電子温度数keV，密度10^{27} m^{-3}のような高温・高密度プラズマが一瞬にして生成される．このとき発生するX線を工業的に利用する研究も盛んに行われている．また，レーザで生成されたプラズマは，高速で固体表面から噴出するので，その運動量の反作用としてターゲット（重水素と三重水素の水滴）を強く圧縮し，固体密度の何百倍もの超高密度プラズマを生成して核融合反応を起こす研究が大規模に進められている（レーザ核融合）．

演習問題

問1 プラズマを用いるCVDやエッチングの利点を述べよ．

問2 プラズマディスプレイにおけるペニング効果について述べよ．

付録

❶原子・分子衝突データ

　電子と原子・分子の衝突に関するエネルギー準位，断面積などの最新データをウェブ上でオンラインで検索することができる．例えば，文部省核融合科学研究所のURL (http://dbshino.nifs.ac.jp)にアクセスすると，数値データベース (AMDIS, CHART) や，INSPECから抽出した文献データベース (AM) を見ることができる (user登録が必要)．また，Weizmann Institute of Science (イスラエル) のURL (http://plasma-gate.weizmann.ac.il/DBfAPP.html) から，世界の主要なデーターベースにリンクできる．

原子 分子	衝突半径 $r\,[10^{-10}\text{ m}]$	電離電圧 $V_I\,[\text{V}]$	第一励起電圧 $V_E\,[\text{V}]$	準安定電圧 $V_m\,[\text{V}]$	結合エネルギー $eV_B\,[\text{eV}]$	解離電圧 $V_D\,[\text{V}]$
He	1.09	24.58	21.2	19.8 ; 20.96	—	—
Ne	1.29	21.55	16.54	16.62 ; 16.72	—	—
Ar	1.82	15.75	11.61	11.53 ; 11.72	—	—
Kr	2.08	13.96	9.98	9.82 ; 10.51	—	—
Xe	2.43	12.12	8.45	8.28 ; 9.4	—	—
H	0.53	13.59	10.2	—	—	—
H_2	1.37	15.42(H_2^+) 18.0(H^++H)	11.47	11.75	4.5 (H-H)	8.8 (H+H)
N		14.54	10.33	2.28 ; 3.57	—	—
N_2	1.89	15.58 (N_2^+)	5.23	6.17	9.8 (N-N)	24.3
O		13.62	9.15	1.97 ; 4.2	—	—
O_2	1.80	12.2 (O_2^+)	1.64	0.98 ; 4.43	5.1 (O-O)	~8 (O+O)
Hg	1.58	10.43	4.89	4.67 ; 5.47	—	—
CH_4	2.07	12.6 (CH_4^+)			4.5 (H-CH_3)	9.0(H+CH_3) 14.5(H+CH_3^+)
SiH_4		12.3 (SiH_3^++H)			3.9 (H-SiH_3)	8.75(H+SiH_3) 9.47(H_2+SiH_2)

原子分子	衝突半径 $r[10^{-10}\text{m}]$	電離電圧 $V_I[\text{V}]$	第一励起電圧 $V_E[\text{V}]$	準安定電圧 $V_m[\text{V}]$	結合エネルギー $eV_B[\text{eV}]$	解離電圧 $V_D[\text{V}]$
F		17.42	12.71		—	—
F_2		15.8 (F_2^+)			1.6 (F-F)	
Cl		12.97	9.2	0.1 ; 8.57	—	—
Cl_2	2.70	13.2 (Cl_2^+)	2.27		2.5 (Cl-Cl)	3.7 (Cl+Cl)
CF_4		15.9 ($CF_3^+ + F$)			5.6 (F-CF_3)	12.5 (F+CF_3) 15.9 (F+CF_3^+)
SF_6		15.5 ($SF_5^+ + F$)			3.8 (F-SF_5)	19.5 (SF_2+‥) 15.5 (F+SF_5^+)

2 諸定数と数値式

物理定数

電子の電荷	$e = 1.602 \times 10^{-19}$ C
電子の質量	$m_e = 9.109 \times 10^{-31}$ kg
陽子の質量	$m_p = 1.673 \times 10^{-27}$ kg
陽子と電子の質量比	$m_p/m_e = 1836$
ボルツマン定数	$\kappa = 1.380 \times 10^{-23}$ J/K
光の速さ	$c = 2.998 \times 10^8$ m/s
真空の誘電率	$\varepsilon_0 = 8.854 \times 10^{-12}$ F/m
真空の透磁率	$\mu_0 = 4\pi \times 10^{-7}$ H/m
アボガドロ数	$N_A = 6.022 \times 10^{23}$ 分子/mol
気体定数	$R = N_A \kappa = 8.314$ J/(K·mol)

単位換算

エネルギー	1 eV = 1.602×10^{-19} J ↔ 11 605 K （温度） 1 eV = 1.602×10^{-19} J ↔ 1 240 nm （光の波長）
圧 力	1 Pa = 7.501 mTorr = 0.01 mbar = 1 N/m^2 1 Torr = 133.3 Pa = 1.333 mbar 1 atm = 760 Torr = 1.013×10^5 Pa = 1 013 mbar
ガス流量[注]	1 sccm = 4.17×10^{17} 分子/s 1 Torr·l/s = 78.95 sccm 1 Pa·m^3/s = 7.50 Torr l/s
磁束密度	1 T = 10^4 G

（注） sccm は standard cm^3/min の意．cm^3/min STP とも書き，標準状態（0 ℃，1 気圧）の気体に換算した流量を表す．

プラズマの諸量の数値式

荷電粒子関係[注1]	電子の平均熱速度	$\langle v_e \rangle = (8\kappa T_e/\pi m_e)^{1/2} = 6.69 \times 10^5 \sqrt{T_e}$	m/s
	イオンの平均熱速度	$\langle v_i \rangle = (8\kappa T_i/\pi m_i)^{1/2} = 1.56 \times 10^4 \sqrt{T_i/M}$	m/s
	ボーム速度	$u_B = (\kappa T_e/m_i)^{1/2} = 9.79 \times 10^3 \sqrt{T_e/M}$	m/s
	電子プラズマ周波数	$\omega_p = (e^2 n_0/\varepsilon_0 m_e)^{1/2} \rightarrow f_p = \omega_p/2\pi = 8.98\sqrt{n_0}$	Hz
	電子サイクロトロン周波数	$\omega_c = eB/m_e \quad \rightarrow \quad f_c = \omega_c/2\pi = 2.80\, B$	MHz
	デバイ長	$\lambda_D = (\varepsilon_0 \kappa T_e/e^2 n_0)^{1/2} = 7.43 \times 10^3 \sqrt{T_e/n_0}$	m
中性粒子関係[注2]	分子密度	$n = p/\kappa T_n = 1.81 \times 10^{20} p\,[\text{Pa}]$ $= 2.41 \times 10^{19} p\,[\text{mTorr}]$	m^{-3} m^{-3}
	分子の平均熱速度	$\langle v_n \rangle = (8\kappa T_n/\pi m_n)^{1/2} = 2.89 \times 10^3/\sqrt{M}$	m/s
	平均自由行程	$\lambda_{en} = 4.40/p\,[\text{Pa}]$ $= 32.9/p\,[\text{mTorr}]$ $\lambda_{nn} = \lambda_{en}/4\sqrt{2} = 0.778/p\,[\text{Pa}]$ $= 5.82/p\,[\text{mTorr}]$	cm cm cm cm
	衝突周波数	$\nu_{en} = \langle v_e \rangle/\lambda_{en} = 1.52 \times 10^7 p\,[\text{Pa}]\sqrt{T_e}$ $= 2.30 \times 10^6 p\,[\text{mTorr}]\sqrt{T_e}$	Hz Hz

(注1) 数値式の中の記号の単位は，プラズマ密度 $n_0[\text{m}^{-3}]$，温度 $T_e[\text{eV}]$，$T_i[\text{eV}]$，磁場 $B[\text{G}]$ で与え，M は分子またはイオンの質量数である．

(注2) 中性粒子の温度 $T_n = 400\,\text{K}$，分子量 M，分子半径 $r = 2 \times 10^{-10}\,[\text{m}]$，$T_e[\text{eV}]$ とする．

演習問題解答

■1章

問1 解答略（1・2節参照）

問2 解答略（1・3節参照）

■2章

問1 解答略（ヒント：微分方程式 $dv/dt + av = b$ の解を $v = c + de^{-at}$ の形に仮定して c, d を求めよ．）

問2 (1) 式 (2・25) から $n = 1.81 \times 10^{21}\,\mathrm{m}^{-3}$，式 (2・22) から $\sigma_\mathrm{n} = 2.35 \times 10^{-19}\,\mathrm{m}^2$，式 (2・23) から $\lambda_\mathrm{n} = 2.35\,\mathrm{mm}$

(2) $\lambda_\mathrm{e} = 4\sqrt{2}\,\lambda_\mathrm{n} = 1.33\,\mathrm{cm}$，$\langle v_\mathrm{e} \rangle = 6.69 \times 10^5\,\mathrm{m/s}$，式 (2・24) より $\nu_\mathrm{e} = 50.3\,\mathrm{MHz}$

(3) 式 (2・22) から $\sigma' = \pi\,(0.14 + 0.21)^2 \times 10^{-18} = 3.85 \times 10^{-19}\,\mathrm{m}^2$．メタン密度 $n_2 = 1.18 \times 10^{19}\,\mathrm{m}^{-3}$ を用いて式 (2・23) から $\lambda' = 14.4\,\mathrm{cm}$

問3 解答略（ヒント：衝突後に球1が速度 v_1'，角度 θ' で散乱されるとする．
エネルギー保存則から
$$m_1 v_1^2/2 = m_1 v_1'^2/2 + m_2 v_2'^2/2$$
運動量保存則を x, y 成分に分けて書けば
$$m_1 v_1 \cos\theta = m_1 v_1' \cos\theta' + m_2 v_2', \quad m_1 v_1 \sin\theta = m_1 v_1' \sin\theta'$$
この三つの方程式から v_1' と θ' を消去して v_2' を求める．）

問4 反射点での速度を $v_{\parallel\mathrm{m}}, v_{\perp\mathrm{m}}$ とすると，磁気モーメントの保存から $v_{\perp\mathrm{m}}^2/B_\mathrm{m} = v_{\perp 0}^2/B_0$．運動エネルギーの保存から $v_{\parallel\mathrm{m}}^2 + v_{\perp\mathrm{m}}^2 = v_0^2$ である．反射点では $v_{\parallel\mathrm{m}}^2 = 0$ であるから，前の二つの式から $v_{\perp\mathrm{m}}$ を消去して，$B_\mathrm{m} = B_0 (v_0/v_{\perp 0})^2$．

問5 図2・11において電子は基底状態（線A）から垂線ⓐ, ⓑ, ⓒなどに沿って励起されるので，そのエネルギー差を調べよ．

■3章

問1 x 方向のエネルギーフラックスは
$$Q_x = \int_0^\infty dw_x \int_{-\infty}^\infty dw_y \int_{-\infty}^\infty dw_z \frac{1}{2} m (w_x^2 + w_y^2 + w_z^2)\, w_x f(w_x) f(w_y) f(w_z)$$

式 (3・2) のマクスウェル分布と式 (3・6) の $\Gamma_0 = n\langle v \rangle/4$ を用いると，w_x の積

分から $\kappa T\Gamma_0$, w_y と w_z の積分からそれぞれ $(\kappa T/2)\Gamma_0$ が出てきて，合計すると $Q_x = 2\kappa T\Gamma_0$. したがって粒子1個当たり，$2\kappa T$ のエネルギーを運ぶ．

問2 $\mu_e \gg \mu_i$, $T_e \gg T_i$ なので，式 (3·40) より
$$D_a = \frac{\mu_i D_e + \mu_e D_i}{\mu_e} = \mu_i\left(\frac{D_e}{\mu_e} + \frac{D_i}{\mu_i}\right) = \mu_i\left(\frac{\kappa T_e}{e} + \frac{\kappa T_i}{e}\right) \doteqdot \mu_i \frac{\kappa T_e}{e}$$

問3 ヒントに従って，式 (3·14) の x, y 成分を書くと

x 成分: $0 = nqu_yB - \kappa T\partial n/\partial x - nm\nu u_x$

y 成分: $0 = -nqu_xB - nm\nu u_y$

これを解いて，$u_x = -\dfrac{\kappa T/m\nu}{1+\omega_c^2/\nu^2}\dfrac{\partial n}{\partial x} = -D_\perp \dfrac{\partial n}{\partial x}$

$D_{/\!/} = \kappa T/m\nu$ であるから，$D_\perp = D_{/\!/}/(1+\omega_c^2/\nu^2)$ と書ける．

問4 連続の式の両辺に κT をかけて $p = n\kappa T$ を用いると $\partial p/\partial t + \nabla \cdot (p\boldsymbol{u}) = 0$. これを体積積分すると，左辺第1項は Vdp/dt, 第2項はガウスの定理を用いて面積分に変換し，容器の壁面からの供給 Q と排気 pS が出る．

問5 図3·6 (b) において，壁 ($x=0$) に向かうフラックス Γ_- と壁から出てくるフラックス Γ_+ は，ランダムフラックスと拡散フラックスを用いて

$$\Gamma_- = \frac{1}{4}n_0\langle v\rangle - \frac{1}{2}D\left(\frac{dn}{dx}\right)_0$$

$$\Gamma_+ = \frac{1}{4}n_0\langle v\rangle + \frac{1}{2}D\left(\frac{dn}{dx}\right)_0$$

と表せる．正味の壁に向かうフラックス $\Gamma_- - \Gamma_+ = -D(dn/dx)_0$. 壁の付着確率を s とすれば $\Gamma_+ = (1-s)\Gamma_-$. これらの式と拡散係数 $D = \langle v\rangle\lambda/3$ を用いれば境界条件が得られる．

■ 4 章

問1 解答略〔式 (4·8) とその下の説明を参照〕

問2 解答略（4·2節参照）

問3 解答略（4·4節参照）

問4 拡散方程式 $\partial n_e/\partial t - D_e\nabla^2 n_e = 0$ を変数分離法によって解けば

$$n(x,y,z,t) = n_0 e^{-t/\tau}\cos\frac{\pi x}{l}\cos\frac{\pi y}{l}\cos\frac{\pi z}{l}$$

ここに，$\tau = (l/\pi)^2/D_e$ である．

■ 5 章

問1 $E = \partial v/\partial z$ を積分して，境界条件を用いると式 (5·3) となる．マクスウェル方

程式から空間電荷密度は $\rho = -\varepsilon_0 \partial E/\partial z = \varepsilon_0 E_0/d_c > 0$ となるので，一様な正電荷密度となる．

問2 式 (5・4) から $\nu_1 = D_a(2.41/a)^2$．また，式 (5・7) を用いて求める．$E = 890$ V/m，$n_e = 1.8 \times 10^{16} \mathrm{m}^{-3}$．

■ 6章

問1 解答略（6・2節参照）

問2 I_i の大きさは3章の式 (3・59) から $I_i \simeq 0.6\, n_0\, (\kappa T_e/m_i)^{1/2} S$ となる．
一方，面積 S，間隔 $\alpha \lambda_D$ の平行板コンデンサの静電容量は $C = \varepsilon_0 S/\alpha \lambda_D$ であるから，I_d の大きさは

$$I_d = C|dV/dt| = \omega C V = \omega \varepsilon_0 S V/\alpha \lambda_D$$

となる．λ_D の定義式 (3・20) を代入して I_d と I_i の比をとり整理すれば与式を得る．シースの厚さ（α の値）は V が大きいほど厚くなるので，与式から概略 $I_d/I_i \simeq \omega/\omega_{pi}$ となる．

問3 ダイオードを無視して交流分を考えると，V_{RF} を直列コンデンサ C_K と C_A で分割するので，

$$\tilde{V}_p = V_{RF} C_K/(C_A + C_K) \qquad ①$$

となる．シースの整流作用により，「プラズマ電位 $V_p(t)$ は電極Kの電位 $V_K(t)$ や電極A（$V=0$）より常に高い」．$\sin \omega t = -1$ となる時刻にプラズマ電位が最も低くなり，その値は接地電極Aより下がることはないから近似的に

$$\langle V_p \rangle - \tilde{V}_p = 0 \qquad ②$$

が成り立つ．また，$\sin \omega t = 1$ となる時刻にプラズマ電位が最も高くなり，その値は電極Kの電位より少し高い程度なので近似的に

$$\langle V_p \rangle + \tilde{V}_p = V_{DC} + V_{RF} \qquad ③$$

となる．①，②，③より題意の式を得る．

問4 式 (3・14) において摂動量を $e^{i\omega t}$ の形におき，電子の速度が $u_1 = -eE/[m(\omega - i\nu)]$ と得られる．これを式 (6・11) の電子電流の項に代入して，比誘電率 $\varepsilon_p = 1 - \omega_p^2/[\omega(\omega - i\nu)]$ を得る．プラズマで満たされた平行板コンデンサの静電容量は $C = \varepsilon_0 \varepsilon_p S/l$ と表され，そのアドミタンスは $Y = i\omega C$ である．ω_p の定義式 (3・24) を用いて変形すると $Y = i\omega C_p + 1/(i\omega L_p + R_p)$ と書けるので，題意の等価回路が得られる．

7章

問1 解答略（7・2節および1・3節参照）

問2 解答略（7・3節参照）

参考文献

■1章

1) 日本学術振興会プラズマ材料科学153委員会編：プラズマ材料科学ハンドブック，オーム社（1992）
2) 関口忠：プラズマ工学，電気学会（1997）
3) 伏見康治責任編集：プラズマ・核融合，共立出版（1997）

■2章

1) F. F. Chen著, 内田岱二郎訳：プラズマ物理学，丸善（1976）
2) 八田吉典：気体放電，近代科学社（1997）
3) 武田進：気体放電の基礎，東京電機大学出版局（1993）
4) J. S. Chang, R. M. Hobson, 市川幸美, 金田輝男：電離気体の原子・分子過程，東京電機大学出版局（1989）

■3章

1) 関口忠，一丸節夫：プラズマ物性工学，オーム社（1969）
2) N. A. Krall and A. W. Trivelpiece：Principles of Plasma Physics, San Francisco Press（1986）
3) M. A. Lieberman and A. J. Lichtenberg：Principles of Plasma Discharges and Materials Processing, John Wiley & Sons（1994）
4) プラズマ・核融合学会編：プラズマ診断の基礎，名古屋大学出版会（1990）

■4章

1) 八田吉典：気体放電，近代科学社（1997）
2) 武田進：気体放電の基礎，東京電機大学出版局（1993）

■5章

1) 八田吉典：気体放電，近代科学社（1997）
2) 武田進：気体放電の基礎，東京電機大学出版局（1993）
3) 電気学会編：放電ハンドブック，オーム社（1998）
4) Y. Raizer：Gas Discharge Physics, Springer-Verlag（1987）

5) J. R. Roth：Industrial Plasma Engineering, Vol.1 Principles, Institute of Physics Publishing（1995）

■6章

1) 菅井秀郎：応用物理, **63**（1994）, p. 1297
2) 高村秀一：プラズマ理工学入門，森北出版（1997）
3) Y. Raizer：Gas Discharge Physics, Spriger-Verlag（1987）
4) D. Vender and R. W. Boswell：IEEE Trans. Plasma Sci., **18**（1990）, p. 725
5) B. N. Chapman著，岡本幸雄訳：プラズマプロセシングの基礎，電気書院（1993）
6) K. Suzuki, K. Nakamura, H. Ohkubo and H. Sugai：Plasma Sources Sci. Technol., **7**（1998）, p. 13
7) T. H. Stix著，田中茂利，長照二訳：プラズマの波動（上・下），吉岡書店(1996, 1998)
8) H. Sugai, I. Ghanashev and M. Nagatsu：Plasma Sources Sci. Technol., **7**（1998）, p. 192

■7章

1) 菅野卓雄編著：半導体プラズマプロセス技術，産業図書（1982）
2) A. Matsuda：Plasma Phys. Control. Fusion, **39**（1997）, p. A431
3) 篠田傳：プラズマ・核融合学会誌, **74**（1998）, p. 109
4) 三坂俊明：プラズマ・核融合学会誌, **74**（1998）, p. 128
5) 山部長兵衛：プラズマ・核融合学会誌, **74**（1998）, p. 134
6) 雨宮俊郎，菊池猛，合田泰之：プラズマ・核融合学会誌, **73**（1997）, p. 928

索引

ア

アインシュタインの関係式　49
アーク放電　91
アッシング　132
アンテナ結合　103

イオンアシスト効果　135
イオンエネルギー分布　112
イオンプラズマ周波数　48
イオンプレーティング　7
異常表皮効果　119
移動度　49

うず電流　118
運動の式　43

液晶ディスプレイパネル　138
エッチング　7, 133, 136
エネルギー損失係数　24
エネルギーバランス　60, 90
塩素プラズマ　133

オイラーの方程式　43
オゾナイザ放電　99
オゾン発生器　145

カ

解離　5, 31, 134, 139
解離イオン化　33
解離電圧　61
解離度　54
化学蒸着法　137
拡散　48
拡散係数　49
核融合発電　6

完全電離プラズマ　2

基底状態　25
強電離プラズマ　2
許容遷移　28
禁制遷移　28

空気清浄器　144
グローコロナ　97
グロー放電　65, 85
クーロン衝突　22

高圧力グロー　91
コロナ放電　74, 97, 98, 144

サ

サイクロトロン運動　14, 122
サイクロトロン角周波数　14
サイクロトロン共鳴　15, 126
サイクロトロン減衰　127, 128
サイクロトロン周波数　14
サハの式　95

磁気ミラー効果　15, 84
自己バイアス　112
自己バイアス電圧　107
シース　55, 59, 107, 111
自動電離　30
弱電離プラズマ　2
自由拡散　50
集団運動　23, 48
準安定原子　28, 143
準安定準位　28
衝突周波数　21, 23
衝突断面積　19, 29

水素化アモルファスシリコン　141
ストリーマ　75, 76, 98
ストリーマコロナ　98
ストリーマ理論　75
スパッタリング　8, 100, 137

静電結合　105
絶縁破壊　65, 77
絶縁破壊電圧　65

相似律　72
速度定数　60, 89
速度分布関数　40

タ

滞在時間　54
太陽電池　139
タウンゼントの火花条件　70
ダングリングボンド　141
弾性衝突　23

チャイルド・ラングミュアの式　60
中性解離　33
中性ラジカル　5, 137, 139
超弾性衝突　29
直流放電　81

低圧力グロー　90
低温プラズマ　4, 85, 97
デバイ遮へい　46
デバイ長　46, 60
デポジション　7
電界ドリフト　11
電界放出　91
電荷交換衝突　31
電気集じん装置　144
電気的中性　44
電子サイクロトロン共鳴　15, 123, 126
電磁波結合　105

電子プラズマ周波数　47
電離　5, 24, 31, 134, 139
電離過程　29
電離増殖作用　67
電離電圧　26
電離度　2, 95

等方性エッチング　135

ナ

内部エネルギー　32
波乗り効果　111

2次電子放出　69

熱陰極放電　82
熱解離　33
熱電子放出　91
熱電離　30, 95
熱プラズマ　3, 91, 146
熱CVD　36, 138

ハ

排気速度　53
パッシェン曲線　71, 87, 142
パッシェンの法則　70
バリヤ放電　99, 142, 145, 146
パワーバランス　62, 104
反応性イオンエッチング　8, 136

光電離　30, 147
非弾性衝突　23
非等方性エッチング　135
非熱平衡プラズマ　144
火花電圧　65
標準生成熱　32
表皮効果　118
表面磁場　84
表面波プラズマ　124

微粒子　139

負イオン　31, 34, 134, 139
フェルミ加速　111
負グロー　86, 90
付着確率　55, 140
付着係数　55, 140
浮遊電位　59
ブラシコロナ　98
プラズマ　1, 3, 46
プラズマエッチング　131
プラズマジェット　3, 96
プラズマ周波数　47, 121
プラズマ振動　47, 123
プラズマスプレイ　96
プラズマディスプレイ　7, 141
プラズマトーチ　3, 96, 147
プラズマの等価誘電率　120
プラズマの導電率　49
プラズマ表皮厚さ　121, 125
プラズマ溶射　6, 96
プラズマCVD　7, 37, 138
フラックス　41, 48
フランク・コンドンの原理　36
プリシース　56
フルオロカーボンプラズマ　136
プローブ　58

平均自由行程　20
ペニング効果　28, 143
ヘリコン波　123
ヘリコン波プラズマ　128

ホイスラー波　123
放電開始電圧　70
ポテンシャル曲線　34
ボーム条件　57
ボーム速度　57
ボームフラックス　59

ボルツマンの関係　50, 53, 56
ボルツマン方程式　43
ホロー陰極放電　82

マ

マクスウェル分布　40, 61
マグネトロン効果　100
マグネトロン放電　18, 83, 99
マルチパクタ放電　79

ミルンの境界条件　55

無声放電　99, 145

ヤ

誘電体バリヤ放電　99, 142, 145
誘導結合　105, 116
誘導結合プラズマ　116

陽光柱　87, 88
容量結合　105, 120
容量結合プラズマ　106

ラ

ラジカル　5, 137, 139
ラムザウア効果　20
ラーモア半径　14, 17
ラングミュアプローブ法　58
ランジュヴァン方程式　12
ランダウ減衰　127

粒子バランス　63
流体モデル　41
流量　53
両極性拡散　50, 88
両極性拡散係数　51
両極性電界　52

冷陰極放電　82

励起　　5, 24, 31
励起状態　　25
励起電圧　　61
冷電子放出　　91
レーザアブレーション　　147
レーザ核融合　　147
連続の式　　43

英字

CCP　　106
CVD　　137

$E \times B$ ドリフト　　17, 100
ECRプラズマ　　126
E放電　　116

H放電　　116

ICP　　117

LSI　　8, 131

PDP　　141
PIG放電　　82
poly-Siエッチング　　133

RFマグネトロンプラズマ　　101
RIE　　136

SiO_2エッチング　　136
SWP　　124

ギリシャ

α作用　　67
α放電　　109

γ作用　　69
γ放電　　109

〈編著者・著者略歴〉

菅井秀郎（すがい　ひでお）
編者・執筆担当：1〜4, 6, 7章
1971年　東北大学大学院工学研究科博士課程修了
1971年　工学博士
現　在　名古屋大学名誉教授

大江一行（おおえ　かずゆき）
執筆担当：5章
1966年　名古屋工業大学大学院工学研究科修士課程修了
1975年　工学博士
　　　　名古屋工業大学名誉教授
2017年　逝　去

- 本書の内容に関する質問は，オーム社ホームページの「サポート」から，「お問合せ」の「書籍に関するお問合せ」をご参照いただくか，または書状にてオーム社編集局宛にお願いします．お受けできる質問は本書で紹介した内容に限らせていただきます．なお，電話での質問にはお答えできませんので，あらかじめご了承ください．
- 万一，落丁・乱丁の場合は，送料当社負担でお取替えいたします．当社販売課宛にお送りください．
- 本書の一部の複写複製を希望される場合は，本書扉裏を参照してください．

JCOPY　〈出版者著作権管理機構　委託出版物〉

インターユニバーシティ
プラズマエレクトロニクス

2000年 8月25日　第1版第1刷発行
2025年 7月30日　第1版第27刷発行

編 著 者　菅井秀郎
発 行 者　髙田光明
発 行 所　株式会社 オーム社
　　　　　郵便番号　101-8460
　　　　　東京都千代田区神田錦町3-1
　　　　　電話　03(3233)0641（代表）
　　　　　URL　https://www.ohmsha.co.jp/

© 菅井秀郎 2000

印刷　中央印刷　製本　協栄製本
ISBN978-4-274-13210-0　Printed in Japan

新インターユニバーシティシリーズ のご紹介

● 全体を「共通基礎」「電気エネルギー」「電子・デバイス」「通信・信号処理」「計測・制御」「情報・メディア」の6部門で構成
● 現在のカリキュラムを総合的に精査して，セメスタ制に最適な書目構成をとり，どの巻も各章1講義，全体を半期2単位の講義で終えられるよう内容を構成
● 実際の講義では担当教員が内容を補足しながら教えることを前提として，簡潔な表現のテキスト，わかりやすく工夫された図表でまとめたコンパクトな紙面
● 研究・教育に実績のある，経験豊かな大学教授陣による編集・執筆

●── 各巻 定価(本体2300円【税別】)

電子回路
岩田 聡 編著 ■ A5判・168頁

【主要目次】 電子回路の学び方／信号とデバイス／回路の働き／等価回路の考え方／小信号を増幅する／組み合わせて使う／差動信号を増幅する／電力増幅回路／負帰還増幅回路／発振回路／オペアンプ／オペアンプの実際／MOSアナログ回路

ディジタル回路
田所 嘉昭 編著 ■ A5判・180頁

【主要目次】 ディジタル回路の学び方／ディジタル回路に使われる素子の働き／スイッチングする回路の性能／基本論理ゲート回路／組合せ論理回路（基礎／設計）／順序論理回路／演算回路／メモリとプログラマブルデバイス／A-D, D-A変換回路／回路設計とシミュレーション

電気・電子計測
田所 嘉昭 編著 ■ A5判・168頁

【主要目次】 電気・電子計測の学び方／計測の基礎／電気計測（直流／交流）／センサの基礎を学ぼう／センサによる物理量の計測／計測値の変換／ディジタル計測制御システムの基礎／ディジタル計測制御システムの応用／電子計測器／測定値の伝送／光計測とその応用

システムと制御
早川 義一 編著 ■ A5判・192頁

【主要目次】 システム制御の学び方／動的システムと状態方程式／動的システムと伝達関数／システムの周波数特性／フィードバック制御系とブロック線図／フィードバック制御系の安定解析／フィードバック制御系の過渡特性と定常特性／伝達関数を用いた制御対象の同定／制御系設計／時間領域での制御系の解析・設計／非線形システムとファジィ・ニューロ制御／制御応用例

パワーエレクトロニクス
堀 孝正 編著 ■ A5判・170頁

【主要目次】 パワーエレクトロニクスの学び方／電力変換の基本回路とその応用例／電力変換回路で発生するひずみ波形の電圧，電流，電力の取扱い方／パワー半導体デバイスの基本特性／電力の変換と制御／サイリスタコンバータの原理と特性／DC-DCコンバータの原理と特性／インバータの原理と特性

電気エネルギー概論
依田 正之 編著 ■ A5判・200頁

【主要目次】 電気エネルギー概論の学び方／限りあるエネルギー資源／エネルギーと環境／発電機のしくみ／熱力学と火力発電のしくみ／核エネルギーの利用／力学的エネルギーと水力発電のしくみ／化学エネルギーから電気エネルギーへの変換／光から電気エネルギーへの変換／熱エネルギーから電気エネルギーへの変換／再生可能エネルギーを用いた種々の発電システム／電気エネルギーの伝送／電気エネルギーの貯蔵

電力システム工学
大久保 仁 編著 ■ A5判・208頁

【主要目次】 電力システム工学の学び方／電力システムの構成／送電・変電機器・設備の概要／送電線路の電気特性と送電容量／有効電力と無効電力の送電特性／電力システムの運用と制御／電力系統の安定性／電力システムの故障計算／過電圧とその保護・協調／電力システムにおける開閉現象／配電システム／直流送電／環境にやさしい新しい電力ネットワーク

固体電子物性
若原 昭浩 編著 ■ A5判・152頁

【主要目次】 固体電子物性の学び方／結晶を作る原子の結合／原子の配列と結晶構造／結晶による波の回折現象／固体中を伝わる波／結晶格子原子の振動／自由電子気体／結晶内の電子のエネルギー帯構造／固体中の電子の運動／熱平衡状態における半導体／固体での光と電子の相互作用

もっと詳しい情報をお届けできます。
※書店に商品がない場合または直接ご注文の場合も右記宛にご連絡ください。

ホームページ http://www.ohmsha.co.jp/
TEL/FAX TEL.03-3233-0643 FAX.03-3233-3440

(定価は変更される場合があります)